你的人生
没有什么应该不应该

〔日〕 水岛广子 ————

著 姚奕崴 ————

译

四川文艺出版社

果麦文化 出品

前　言

女性低人一等吗？

你有没有这样想过："如果我不是女人，那该有多好啊！"

当你在工作中遭遇性别歧视，当你被贴上"女人就应该敏锐、周到"的标签，或者当旁人用异样的眼光告诉你"没有生养孩子的女人是不完整的"……

这时，也许你心里就会萌生上面的想法（毕竟在日本，无儿无女的男性并不会被人另眼相看）。

这种想法也许还会出现在你上班之前，因为与男同事相比，你要额外耗费时间去梳妆打扮。

又或者是在你的丝袜意外钩丝，叫天天不应的时候。

也可能是在被男人欺骗了感情，旁人却又给你讲起了"哪个男人不是朝三暮四"的大道理的时候。

月事也是一样。像我就常年饱受重度月经失调之苦，而深受经前综合征（PMS）折磨的女性也不在少数。

女人的烦心事，可以说是数不胜数。

我是一名从事人际关系疗法（IPT，全称为 Interpersonal Therapy）的精神科医生。2014年，我撰写了一部题为《女性的人际关系》[1]的书，通过人际关系疗法的视角，解析了女性在人际关系领域遇到的难题。这本书登上了畅销书榜，诸多媒体纷纷报道，不论男性女性，很多为困难重重的人际关系而苦恼的人，都成了这本书的读者。

"原来女性的困难来自这里！"——读者能够从书中找到解决问题的方向，作为作者，我感到无上光荣。

创作《女性的人际关系》，是希望能够调和"女性与女性"的关系（当然，"男性与女性的关系"也纳入了讨论范畴当中），也希望能够帮助所有女性变得更加强大，为女性加油鼓劲。

而本书的创作初衷，则是希望能够疗愈女性"自己与自己"的关系。也就是说，**这是一本向女性讲述如何面对自我的书**。

1　原书名：《女子の人間関係》。（本书中的注释均为译者注。）

我认为身为女性是一种福气（当然，身为男儿也同样如此）。

从前，一说起"女性得天独厚的优势"，人们常常只能想到"生儿育女"。但是，还有很多女性不想或不能生养孩子，何况女性绝不是生育机器。

我本人也有两个孩子，也确信怀胎十月、一朝分娩是人生的一大幸事。

不过，以我还没有孩子那二十多年的认真思索，以及从我个人的经历而言，我认为生儿育女并不是女人幸福的全部。

正因为年少轻狂的时候发自内心地觉得"如果我不是女人，那该有多好"，才会在成长的过程中领悟许多道理。

"女人味""女子力"制造了精神压力

"不是女人该有多好"的想法，会变成一种枷锁。

"一个姑娘家家的怎么还……""明明是个女人却……"之类的评论，对女性来说是一种莫大的束缚。

比方说，前一段时间有一个流行词语叫"女子力"，大意是女性要发挥自己"身为女性"的敏锐、细致的长处。

这是对"女人味"的曲解。

女人，首先也是人。她们也是百人百性，有各自钟爱的生活方式。

很多时候，这些个性和生活方式与"女人味"毫不相干。

而"非典型发展"人群（尤其是所谓的"自闭症谱系"人群）在感知他人情绪方面存在先天不足，这类人不但经常被人批评"不懂幽默"，而且很多时候几乎无法分辨真心话和客套话。

总之，传统观念认为女性"更加善于察言观色""对人情世故更为敏锐"，但是显然，有些女性对此并不擅长。

那么，女性为什么会被"女人味"所束缚？后文我将通过具体事例予以解读。

此外，为了弄清楚"女子力"究竟为何物，我还在网上做了一份"女子力测试"。

尽管可能有些不自量力，但我认为自己是一个心思十分缜密的人（如果不是，我也不可能以精神科医生的身份帮助那些内心伤痕累累的患者），待人接物有礼有节（大学时代参加过体育社团，不论男女，从来没有和高年级的同学发生过矛盾），而且我在梳妆打扮上有自己的风格（虽然除了保持干净利落，几乎不在妆容上花费时间，但也曾被时装圈子里的一流人士称赞"时尚"）。然而，"女子力测试"的成绩却是一塌糊涂。

所谓"女子力"的定义，其实非常肤浅而千篇一律。倘若被这种东西束缚，又怎么能过上积极向上的幸福人生？——这样想的应该不止我一个人。

不被"女人味"束缚，并不意味着"自暴自弃"

显然，很多人已经意识到了"女人味"的荒唐和它所带来的压力。但绝大多数人的解决方法是"自暴自弃"。

"废女化"就是其中的一种方式：摆出一副破罐破摔、无可救药的态度（我将在后文详细介绍何为"废女化"）。

可是，真的没有其他方法了吗？

"废女化"的人真的是一门心思要成为"废女"吗？

我觉得，这种包含着"废"字、多少有些自虐倾向的词，并不是一个能够让人精神振奋并为之努力的目标。

难道人生除了束缚于"女人味"的压力或是"废女化"，

就没有第三条路了吗？

换言之，**我们应该可以享受"自我"，既不被"女人味"强加于身，也不会自暴自弃地变成"废女"。**

那么，一些承受不住"女人味"压力的人为什么会倒向"废女化"呢？

我想到了这样一种可能性：这类似于"职业倦怠"。

所谓"职业倦怠"，指的是自己竭尽全力想要自我实现，结果却不尽如人意，以至于对原有的理想乃至任何工作都丧失兴趣。

其实很好理解，这些人也曾努力想要让自己更具"女人味"，可是除了空虚感，她们一无所获，于是便产生了"算了，无所谓了"的想法，索性自暴自弃。

当然，也有一些人是出于不屑，或是出于"反正自己也做不到"的想法，从一开始就对"女人味"漠然置之。

不过，在我看来，二者分别属于两个极端。

如若只有"饱受束缚"和"心灰意冷、嗤之以鼻"这两种选择，那么人生之路未免也太过窘迫。因此，我认为"第三条路"才是正确的道路。

这"第三条路"，就是既不自暴自弃，也不屈从于束缚，而是泰然面对身为女性的自己，活出真正的自我。

年轻女人价更高？

我认为造成"如果自己不是女人该有多好"这一观念的另一个原因，是人们觉得"女人年轻的时候是巅峰，之后就开始走下坡路了"。

与外国（尤其是欧洲国家）相比，这种想法在日本尤为盛行。

女人年轻时都是集万千宠爱于一身。这种感觉也许会让人十分受用，却是转瞬即逝，直至荡然无存。这种心理上一落千丈的感受想必读者也能体察一二。

我曾听到十来岁的女孩子说"过了二十岁就等于死了"。

如果过了二十岁就等于死了，那么三十岁、四十岁的时候又将如何？

就在前不久，日本一家美妆杂志刊登了一篇题为《女人市场价究竟值多少》的文章，最终迫于公众压力道歉了。道歉自然是理所应当，但是一本正式的杂志居然能够堂而皇之地策划并刊登这种内容，不能不让人感到荒诞离奇。

自身魅力的基础"将会不断崩塌（或者已经开始崩塌）"，显然会让人感到胆战心惊。

当然，男性同样会为衰老而苦恼，他们也会关注美容、抗衰老，但是还有"男人四十一枝花"之类的说法，"男人年龄越大越有魅力"的观念也早已得到了广泛认同。

很多上了年纪的女性都会很自然地去选择把白发染黑，相比之下，对白头发毫不介意的男人却比比皆是。甚至对于男人而言，饱经风霜的容颜反而赋予了他们一种沉稳老练的魅力，而这种魅力是小年轻不具备的。

那么，这些观念也适用于女性吗？

当然，近来也逐渐听到一些男人说"年轻姑娘不懂事，和她们聊不来"。

但是，从整体而言，这句话的重点并不是男人们觉得"女人年纪大一些也没关系"，而是因为男人们很可能在心里将二者区分得清清楚楚，他们想的是"与年轻女性交往，与成熟女性交流"。

美国前任总统特朗普有过三段婚姻，妻子一任比一任年轻（都是模特出身，容貌出众），这有力证明了"年轻女人价更高"的观念（这并不意味着美国人都是如此，比如，另一位美国前总统奥巴马与夫人志同道合，一起携手走到今天，二人相互成就的生活方式让我受益匪浅）。

人无完人，但每个人都在沿着某个方向前进。

如果这个方向上只有"崩溃"和"绝望"，那么自然无法找寻到生命的意义。

　　也正因为如此，才会产生"不是女人该有多好"的想法。

女性比男性更容易自卑

　　据研究显示，与男性相比，很多女性都"缺乏自信"。BBC 知名主播凯蒂·肯与 ABC 著名记者克莱尔·施普曼在采访了希拉里、拉加德、默克尔等女性政治家之后发现，女性普遍不够自信。即使是世界上最成功的女性，也经常被自我怀疑困扰[1]。

　　我认为女性之所以会感觉比男性更加"缺乏自信"，其根源来自"女性不如男性"这一基本观念。

　　尽管如今这种观念已经被视为过时，但在实际生活中，我们还是能够感受到这种氛围，依然有不少人认定女性的

1　该资料来源于《信心密码》，凯蒂·肯、克莱尔·施普曼著，美国哈珀商业出版社出版。(*The Confidence Code*, Katty Kay, Claire Shipman, Harper Business)

能力逊于男性。

我不禁有一种略显古怪的想法——也许上述观念能够追溯到中小学阶段"男孩担任班长，女孩担任副班长"的文化。这是一种奇特的角色分配方式：决定大政方针的都是男性，而严格落实方针的都是女性。

这就好比在说"女性不擅长做重大决定"。当然也包含着"女性更加注重细节"之类的暗示。

传统家庭的构成模式同样如此，"当家的"（户主）是父亲，"内人"（在家里负责琐碎家务的人）是母亲，这类用词仿佛都是天经地义的。而在地方自治体之类的地方组织机构当中，首脑位置也几乎被男性垄断。

难道女性真的低男性一等？

当然，奥运会的短跑纪录是男性更快。如果网球单打不设门槛让男女对打，大概也是男选手获胜。但是，我相信顶尖的男性运动员对顶尖的女性运动员应该也是敬佩有加（如果连这种基本的尊重都没有，那么他就不具有一流的道德水准，也不配成为顶尖运动员）。

而人们在评判女性能力的时候，往往会言之凿凿地说"女性容易感情用事，缺乏冷静的判断""女性没有领导能力，不能把工作交给她们""女性的作用就是生儿育女，不能指望她们去出人头地"。

事实果真如此吗？这些过于片面的看法对男性和女性而言都没有好处，还会限制女性发挥潜能，让"不是女人该有多好"的想法变得根深蒂固。后续在正文中我们还会看到许多类似的事例。

前文是我对女性为什么会产生"不是女人该有多好"这种观念的一些粗浅思考。我执笔本书的原动力，便是想从多个角度审视造成这种观念的原因，鼓励女性充满希望地迎接生活。

"解脱束缚""自我肯定""以人际关系视角看待问题"，是贯穿本书的关键。

本书的创作初衷，是让那些认为"不是女人该有多好"的女性，以及虽然不否定女性价值却对未来丧失信心和安全感的女性，都认识到身为女性的幸福。

我衷心期望各位读者能够热爱身为女性的自己，能够因为"自己是女人"而收获自在、幸福的生活。同时我也坚信，这会为男性的生活锦上添花。

CONTENTS 目录

第1章 太多"应该"都是女性被物化的证明

第 2 章　把"应该"转变为"渴望"

第 3 章　走出爱情的困局

第4章 破解变老的恐惧

第 5 章　应对工作的压力

第 **1** 章

太多"应该"
都是女性被物化的证明

女性的压力已经够大了

"女人味"就是一种束缚

"女人味"这个词语不知道束缚了多少女性。

当然，几乎不会有人从负面解读"女人味"，也有人将自身独到的"女人味"视为一种魅力，并以此来讴歌自己的人生。我也同样认为，将"女人味"当作一种"自我"并陶醉其中，确实无可厚非。

可是事实上，也有很多人因此十分苦恼。她们从小就被教导"行为举止都应该像个女孩子"，而当她们告别了无拘无束的童年时代，步入社会之后，同样会感受到"女人味"带来的精神压力。

人们对于"社会性别"的认知正在稳步发展。在此赘言一句，所谓"社会性别"就是"社会文化所赋予的性别特征"。它不同于生理层面的雄性、雌性，而是由"女性应该怎样""男性应该怎样"等核心概念所决定的"性别差异"。

人们逐步认识到这种社会性别的概念束缚了本应千姿百态的生活方式，越来越多的人不再在意"男人味""女人味"，而是更加追求自我，对待他人也越发宽容。

一些男性变得热心于照看孩子，一些男性从"家庭煮夫"的身份中体会到了幸福的感觉，还有一些男性干劲十足地投身于原本被认为只属于女性的行业，比如护士、保育员等。

还有一些人就生理层面而言是男性，但自我的心理认知是"女性"。我相信随着社会慢慢发展，这类人群的生活也会更加便利。

我由衷希望每个人在呱呱坠地之后，都能够不被"男性身份""女性身份"所束缚，找到最适合自己、最能够让自己大显身手的生活方式。

本书之所以把女性作为写作对象，一方面考虑到了女性更容易遭遇歧视和攻击的社会现状，另一方面是因为通过探讨女性问题，最终也有助于让男性生活得更加幸福。毕竟女性会被"女人味"束缚，男性也同样会被"男人味"束缚。

在这一章，我们首先来深入研究一下什么是"女人味"。

根据各个版本的词典上的定义，"女人味"指的是"与女性身份相称，拥有女人的脾气、容貌等特征，女性化""具有温柔等女性特有的魅力"。

光是读一读这些定义，便让人心里五味杂陈。

"女子力"不过是传统观念的新包装

有些人能够顺利地将"女人味"转变为"自我"，没有任何不适感，但还有很多人被"女人味"所束缚。

束缚女性的"女人味"的代表词语，就是前段时间的流行语"女子力"。

"女子力"风靡一时的原因众说纷纭。目前对其最常见的解读是"既然是女人，就应该要敏锐""既然是女人，就应该守规矩""即便工作再忙，也要将家庭生活打理得井井有条（认真做饭、认真打扫卫生）"。诸如此类，都包含在"女子力"概念之内。

不过最近，人们对"女子力"的解读，逐渐开始把"如何博得男性的好评"当作中心。比方说，在职场中，给疲倦的上司沏茶之类的行为就会得到类似的评价。察言观色，投其所好，赠送用心准备的小礼物……这些同样会被归纳到"了不起，女子力真强"的范畴当中。

外貌在"女子力"中占比很大。这里所说的外貌，绝不止于落落大方这种层次，而是要"精心打扮"，包括肌肤护理、描眉画黛、美发美甲等。总之，"既然是女人，就要注重个人形象"。就算工作繁忙，也容不得半点怠慢，因为女人理应"精致"。

我从未听说过类似于"男子力"的词语。但这并不妨碍很多男性饱受"男人味"之束缚。可见"男子力"也是一种潜在的压力。

不过，也有些男性坦然宣称"自己有很强的女子力"，甚至一些被人评价为"女子力很强"的男人反而别具魅力。

奇怪的是，为什么人们在评价一个人时不直接夸赞其"敏锐"，而是说"女子力很强"？

其实归根结底，"女子力"这个词语想要表达的含义就是"敏锐""周到"，这些特质本来应该与性别无关。

但冠以"女子"二字，**就使其变成了一个被"女性就应该更敏锐"的传统观念所束缚的词语。**

而后缀"力"字，又为这个词语增添了"应当主动提升"的含义，也因此产生了可供比较的对象。

然而，即便是女性，也有很多人并不愿意这样敏锐。又譬如，前文提及的一些女性本就不擅长"察言观色"，与"敏锐"更是相去甚远。

对于那些拥有强大的"女子力"的人，我觉得没有必要否定她们的天分和努力。

同样，对于那些"女子力"薄弱的人，那些无奈地沦为旁人口中"不敏锐"的人，也不必再用"女子力低下"之类的话语伤害她们。

因为**一旦被评价为"女子力低下"，那么她们便有可能会认为自己是女性当中的"残次品"**。

受困于"女子力"，会令人痛苦

在认为"自己女子力低下"的女性当中，不乏内心坚定、我行我素之人，但也有很多人觉得自己是"废女"，自我肯定感下降。

比方说下面这些烦恼——

那些你觉得自己"缺乏女子力"的时刻

☐ 笑得难看。没有自信，笨拙、发僵。希望拥有天真烂漫的笑容。

☐ 字写得丑，不敢写感谢函、贺卡，不敢签名。

☐ 对绘画、音乐等高端文化知之甚少，只喜欢漫画和上网。

☐ 一天到晚忙得脚不沾地，屋子里乱七八糟。

☐ 对自己的厨艺不自信。调味不佳，摆盘也很糟糕，做卡通便
当更是想也不敢想。

☐ 对餐桌礼仪没有信心。和不熟悉的人一起吃饭时，吃相会很
僵硬。

☐ 希望自己是一个永远面带微笑的女人，但难过、疲惫的时候
又总是阴沉着脸。

☐ 不会夸奖别人，硬夸别人的时候很容易被对方看穿自己的
刻意。

☐ 想要温文尔雅地说话，可是一不留神就说了句粗话；有时候
一聊到兴头上，说起话来就没大没小，之后又羞愧得无地
自容。

☐ 根本想不到要给别人递纸巾，也从来没有随身携带过面巾纸。

本来应该成为拥有"完美女子力"的"完美女人"，却连这些事情都做不到，这简直就是自己的无能清单。

我不仅经常思考"完美主义"相关的问题，还写过一本书，叫作《战胜压力的方法——我推荐尽己所能的完美主义》[1]。

"完美主义"基本上是一种自我逼迫、制造压力的理念。

人是一种遗传信息天生就各不相同的生物。想要保持身体健康，就必须休息，"完美"几乎无从谈起。但假设"完美"是存在的，那么所谓的"完美主义"也是一种负面的理念，是时刻紧盯着"自己在这些那些方面有不足之处""这也不行那也不行"。

换言之，**"完美主义"就等同于"针对自己的不切实际的慢性否定"**。这样的人势必会降低自我肯定感，有不少人还会因此患上抑郁症。

而且，完美主义还会束缚他人。

当一个人要求他人"尽善尽美"，最终只会死死盯着他

1　原书名:《プレッシャーに負けない方法——"できるだけ完璧主義"のすすめ》。

人的"不足之处"，对他人吹毛求疵。

只要认真分析一下"女子力"这个词语，就会发现这好比是给自己打分，把自身的价值用"某个分数"进行衡量。

而正如本书通篇所述，"女人味"可以通过各式各样的"女性特质"来予以体现。

但如果把"女子力"这一"标尺"赋予到"女人味"上，那么"进一步提高女子力"就成了唯一的努力方向。这样就变成了一场彻头彻尾的应试教育，而非素质教育。

而且在人际交往之中，我们也会产生"我的女子力比她差"之类的想法，被迫进行孰优孰劣的比较。

那么当我们在生活中每时每刻都怀揣着"自己能力这么差""自己怎么这么没用"之类的烦忧，自然无法提高自我肯定感。

其实，自我评价的"标尺"与"自我肯定感"息息相关，**只要你用某种"标尺"去衡量自身的价值，就无法收获由内而外的、真正的自我肯定感。**

后文将会讲到的"变老"和"领导能力"等都是如此。

这些主题对活在当下的女性而言非常重要。如果自我肯定程度低，那么变老必然会显得十分恐怖，也势必会让人对自己的领导能力产生怀疑。当然，正如前文所述，这些情况也可能与缺乏自信有关。

无论如何，在化解"女子力"带来的压力之前，我们无法实现安逸幸福的人生。

因此，我将会在第2章开门见山地探讨一下"女子力"这个"完美主义的标尺"。

要点

"女子力"是完美主义的代言人，

而完美主义本身就会制造心理压力。

"身为女性却不达标"的想法
会让自己更软弱

当女性被视为"商品"

看着前文的"烦恼清单"，我感到女性就像某种"商品"。

这个清单读起来就像是在说：女性"具有这种品质""具备这些功能"。

当然，男性也有被视为"商品"的时候，比方说男性的价值取决于"能赚多少钱"。但是，某则涉及女性的铁路公司广告让我印象尤为深刻。

那则广告的宣传重点是"让更多的人坐下"。

我原以为这样一则宣传"让更多的人坐下"的广告，其主人公应该是在地铁上那些叉开双腿、坐得不拘小节的人，然而我惊讶地发现，广告使用的是一张穿着高跟鞋、双膝并拢、坐姿端庄的女性照片，并且配上了赞颂这种坐姿的广告语。

仔细观察照片就会发现，女性两旁分明坐着东倒西歪、坐没坐相的男性，但为什么单单把特写给到女性？

诚然，这张照片能够传递出"女性的坐姿应该优雅"的信息，但为什么要使用这样一张照片？

是为了将其当作"坐姿规范的样板"吗？

即便如此，一位脚踩高跟鞋、双膝并拢而坐的女性，对那些四仰八叉，有时候甚至伸腿挡住半个过道、霸占一大片地方的男性而言，是最合适的"样板"吗？

时至今日我仍不知晓这则广告是何用意，但至少我看出来，广告里的女性是"规规矩矩"的象征。正是这一点，让女性形同一件"商品"。

从"女人应该守规矩"这个信息，我又联想到了前言所提到的日本传统观念（可能今天依然如此）——"男孩担任班长，女孩担任副班长"。班长做事要大刀阔斧，有时还要大胆建言和果断决定。然而，将这些决定"规规矩矩地、有条不紊地"贯彻执行，则是副班长的职责。

也就是说，"女孩子守规矩（明辨是非，做事有分寸）"已经是一种"共识"。

女性"物化"，其实涉及方方面面的问题（通常指的是有偿陪侍、色情交易之类）。

但是这里我想让读者思考的是，让女性拥有（或追求）"女人味"这种美德，其本质不就是为了提升女性这种"商品"的价值吗？

因此，越是追求"女人味"，自己就越是会被"物化"。

可能有人会说，"不对，这是内在的修为，是自我提升"。然而前文清单列举的内容无一不是"可供人评判的外在"。总而言之，将"女人味"和"外貌"作为判断标准，实际上并没有太大区别，二者都是将女性作为供外界评判的对象。

我会在第2章介绍如何脱离"物化"，但首先我希望女性能够形成一种意识，那就是：以自己"缺乏女子力"为耻、自认为不够完美这一类的想法，其实都是在"物化"自己。

这一点极为重要。

为什么你会因为"女子力"低下而苦恼？

因为自己作为"女人"这种商品的价值下滑了。

当然，我并不是让大家将清单列举的内容一律抛之脑后。那样只会让你陷入"废女化"的思维之中。

在此我想提醒女性的是，当你审视着不（完全）具备清单上的"女子力"的自己，**一旦产生自己"身为女性却不达标"的想法，就意味着你是在"物化"自己，让自己变得更加软弱。**

"废女化"是身心俱疲的证明

"废女化"这种现象，有力地证明了"女子力"是完美主义的象征。

这也是近来"干物女"[1]等词语所表现出来的一种现象。

"废女"的常见生活状态包括"晚上回家以后小酌一杯，看看漫画""放假时澡也不洗，整日蜷缩在被子里""只穿阔腿裤等舒适的衣服"等。总之是一种彻底抛却"女人味"的态度。

有一些人是天性如此，也有些人是受不了"女人味"的束缚而中途败下阵来。

———————

1　日语名词，出自火浦智的漫画《小萤的青春》，指放弃爱情，以对自己而言懒散舒适的方式生活的女性。

这些女性绝不是想要邋里邋遢地生活，她们只想在自己家里舒服一些，在不被打扰的前提下获得最大的自由。

在我看来，"女子力"和"废女化"是两个极端。"女子力"代表的是一种拼命塑造自己"女性"特质的态度，而"废女化"则是完全放弃"女性"特质的态度。

正是由于她们站在完美主义的角度来看待"女人味"，所以当她们因为"一事无成""自己无能为力"而放弃，或是因为"已经竭尽所能"而耗尽心血，"废女化"便由此产生。

但是，追求适合自己的"女人味"，并不意味着追求完美，而应该是追求快乐。

每个人对"女人味"的定义都可以是独一无二的。只要把握住能让自己乐在其中的"女人味"，就足够了。

我在生活中始终享受着自己认定的"女人味"，但令我惊讶的是有不少初次相识的男性对我说，"没想到水岛女士如此有女人味，我一直以为你嫌恶自己是个女人呢"。

每每听到这样的话我都不由得一怔，仔细询问对方之后才知道，原来是我对性别自由的支持让他们产生了误解。

活出自我，不被"男性应该怎样""女性应该怎样"所绑架，这与否定自己的性别完全是两个概念。

以变性人为例。比方说一个生理层面是男性，但是在自我认知上是女性的人，当她宣布自己从此要以女性身份享受人生，对她来说显然是一种幸福。你能从中感受到，"身为男人"或"身为女人"，对每个人而言都具有不同的意义。

性别自由是鼓励不受束缚的生活方式，活出"自己的人生"，绝不是否定自己与生俱来的性别（对变性人而言，则是自我认知上的性别）。

要点

脱离"废女"的关键，

在于找到适合自己的"女人味"。

女人越年轻越好？

"老化变质"应该形容商品，而不是女人

一如前文所述，当我们从方方面面研究了"女人味"这一问题之后，一个终极疑问摆在了我们面前，这便是："女人是'商品'吗？"

这里所说的并不是买卖层面的"商品"（尽管现实生活中存在着色情交易），而是"外界的看法"。

女性绝对不是商品，尽管专业模特等行业也有用外在美来换取商业价值的一面。

然而在很多地方，我们时常发觉，人们会把女性当作"商品"一样对待。

比方说"老化变质"这个词。

这个词大多用于"变老的女性"，但有时女性略微发福或是妆容不够精致，也会被说是"老化变质"。这个词显然带有浓厚的"商品"色彩。

【案例】

这是一位三十多岁的未婚女性。她因为自己从未有过恋爱经历而感到自卑。别说男朋友了，就连朋友都没有几个。

她甚至在与闺密聚会时都听不得别人的爱情故事。她认为自己注定要孤独终老，整个人已经丧失了恋爱的勇气。她羞于让旁人知道自己的这种心理，在她眼中，大家的爱情故事都是那样可望而不可即，让她深感自卑。

由于她自我肯定程度低，又不擅长与人交流，所以即便遇见了中意的男性，很多时候也仅仅是止步于朋友关系。她记得之前有男人说"三十多岁的老姑娘肯定是有什么难言之隐""女人到了二十七岁还不结婚，说破天都是没人要了"，于是她便觉得三十多岁还孑然一身是一种羞耻。

当她一想到"自己可能真有什么毛病""也许确实是没人要"，就算喜欢上了某个人，她也百般纠结，不敢采取行动。

"有毛病""没人要"等词语，不正是用来形容"商品"的吗？

　　一个人竟然被逼无奈对自己使用这些词语，怎能不让人感慨世态炎凉？（但切记，悲凉的是世态，不是你的人生。）

　　人生还有数不尽的快乐。只要能够找寻到一丝希望，那么一切都将截然不同。

　　我将会在第4章介绍把年龄增长轻率地视为"商品老化"的想法。过去，人们会把过了二十五岁依然单身的女性称为"卖剩下的圣诞蛋糕"。如今，这个事例中的主人公已经三十多岁，终归也没有摆脱"自己是卖剩下的商品"的感觉。

　　不过，正如我们在这个例子中所看到的那样，很多悲观的推测都源于"传闻"，比如，"记得之前有男人这么说过"。我们要学会去了解真实的情况，而不要被那些不可信的信息所左右。

厌恶嫉妒他人的自己

【案例】

在一场工作酒会上，参加者一半男性一半女性。

在场有新入职的女员工，那个女孩子实在是太讨人喜欢了！所有男员工都争先恐后地向她献殷勤。

我不免有些郁郁寡欢，心想"之前我年轻那会儿，他们可都是围着我转呢"，同时又对自己竟然会因此心生嫉妒而十分恼火。

如今"年轻可爱的女性"在日本依旧备受青睐。如果把女性比作"商品"，这便是顺理成章。常言道，"旧不如新"嘛。

本书的立足点便是摆脱"物化"。这事关人的成熟与幸福。

人都会遇到形形色色的变化。变化所带来的感受也各有不同，比方说当我们失去了生命中重要的人，便会感到"空落落的"。案例中的这个女性遇到的变化同样如此。

其实，**任何变化对人来说都是一种压力。**

即便是正向积极的变化，我们也必须去适应它。而在这个过程中，我们都会感受到有形或无形的压力。

上面这个事例所反映的就是一种主观上的失落感。因为她已不再是之前"被人围着转的妙龄女子"，自然会郁郁寡欢，萌生嫉妒心理也是人之常情。

嫉妒的问题并不在于嫉妒本身，而在于她对自己的否定和嫌弃。但如果她能够这样想——"啊，好难过啊。时过境迁，还真是让人感慨良多啊。可是人嘛，就是这么一回事"——让自己接受变化的过程，那么任何问题都会迎刃而解。

当然，这种变化并不是只会带来失落。日积月累的经验不但会让我们获得扎实稳健的成长，还会让我们告别"被人围着转的妙龄女子"时代——在那样的时代，女性最容易被忽视其人格魅力。

不妨就把这场酒会当作一项工作，既来之则安之，甚至你自己也可以去对那个姑娘说两句好听的话，向她展现同性前辈的体贴。如果她是一个有心的孩子，那么我想她也会信任你、尊敬你。如果不是，那么你也可以借此知晓她的为人。

或者，你也可以像这样暗暗下定决心："公司里这些男人真是一群傻瓜，我一定要找到更加成熟稳重的好男人！"

把你经历的一切都看作"变化所造成的某种现象"，便可以生活得轻松惬意。

要点

不要否定产生负面情绪的自己。

每个女人都有受伤的经历

是"令人讨厌"还是"心理创伤"？

在《女性的人际关系》这本书里，我曾经对"女性令人讨厌的特征"进行定义。

这个定义主要包含两个部分：其一是遵循"女性需要通过被男性挑选来获取社会地位"的传统观念，其二是被动接受"女人应该怎样""女人必须怎样"的压力。

总之，"令人讨厌的女性"，就是那些把投身于比自己优秀的男人的怀抱视为头等大事，并且对"女人应该怎样"之类的压力逆来顺受的人。

至于具体有哪些特征，请看下表。

女性令人讨厌的特征

☐ 有些女性嫉妒那些比自己幸运的女性，想要给她们使绊子，夺走她们的幸福生活。

☐ 表里不一。表面阳光，内心阴暗。

☐ 在男性面前发嗲，装出一副娇滴滴的样子。

☐ 利己主义，对其他女性不闻不问。

☐ 恋爱前后判若两人。把男朋友排在第一位，将闺密晾在一边。

☐ 热衷拉帮结派，追求"群体"的同一性，排斥"与自己不一样"的异类。

☐ 不尊重与自己意见相左或生活方式不同的人，认为对方是在"否定自己"，并因此将其视为"敌人"。

☐ 幼稚冲动地划分"敌"和"友"，对奉承自己的人毫无保留、全心全意，对待"敌人"则是不顾一切地诋毁攻击，而且很多时候这种情绪宣泄还会伪装成"讲道理"的形式。

☐ 爱嚼舌头、传闲话，热衷于搬弄是非。

☐ 说话吞吞吐吐、模棱两可，摆出一副点到为止、对方理应明白的样子。一旦感觉对方理解有误，立马拉下脸来。

☐ 好为人师。虽然未必是恶意，但喜欢指指点点、妄下定论。

"女性令人讨厌的特征"，不外乎这个清单所罗列的内容。

这些让人不胜其烦的特征，让一些女性觉得与男性朋友往来更加轻松自在。一些女性的男性朋友甚至多于女性朋友。

虽然这些"女性"存在着令人讨厌的特征，但这些特征并不会同时显现在每个女性身上。有些女性可能只是其中某一种特征比较突出，当然，一些女性身上甚至几乎看不到这些特征的影子。而且在人生的不同阶段，这些特征也会有或强或弱的变化（比方说有的女性遇见了心中的真命天子，可能会突然变得醋意大发）。

我把这里所列举的**女性令人厌烦的部分，称为带引号的"女性"**。

请注意，这并不是对女性的一种定义。请把它看作对那些在各种女性身上所反映出来的、一系列的负面特征的一种总称。事实上，这些特征在男性身上也会出现。

诚然，很多人对这种"女性"是有概念的。人们往往会对这样的人投之以厌恶或轻蔑的眼神，将这样的人看作"烦人的女人""丑陋的女人"。

但是，正如我在《女性的人际关系》一书中所说，这类"女性"形成的背景十分残酷，譬如，"如果不被更优秀的男性选中，就意味着自己毫无价值"，或者遭受"明明是个女人，怎么还……"之类话语的伤害。**这些（带引号的）"女性"特征，其实可以理解为具体的女性的"心理创伤"。**

显然，面对心理创伤，女性需要的既不是批判也不是厌恶，而是疗愈。

疗愈自己，也避免攻击

"女性"程度高或低，都只是我生造的说法，不过，"女性"程度高的人确实会对其他女性抱有警惕心理（因为在男性的"选择"面前，其他人会成为竞争对手），因此，**减少前文所说的这些特质，就是在疗愈女性，从立身处世的角度而言，也可以有效避免自己成为他人攻击的目标。**性情直爽的女性一般更受喜爱，正是这个道理。

想要做到这一点，就要用心观察自身是否出现前文清单中的特征，如果有，那么就要予以改正。要告诉自己，"如果再这样下去，就会遭到他人的回击，生活质量势必每况愈下"。万万不可捡了芝麻丢了西瓜。

每个人都或多或少具有一些"令人讨厌的女性特征"（不同阶段的显现程度不同），但我们都可以**通过主动减少这些特征，显著改善女性之间的人际关系**。

我本人是一个"女性"程度很低的人，很少感觉与女性共事的不便。甚至回头想想，女性才是我工作的最佳拍档。

因为当我们降低自身的"女性"程度之后，对方的"女性"程度也会随之下降。于是，工作进展会十分顺利，根本无须担心某些"女性"令人讨厌的特征。

还有一点至关重要，那就是不要因为对方的"女性"特征而鄙视对方。要记得对方是一个曾经遭受伤害的人，需要的是"疗愈"。轻蔑的态度有百害而无一利。

本书的创作初衷是要让女性摆脱"物化"，其实就是要**摆脱女性"被男性挑选"的被动地位**。

换句话说，女性如果始终是"供人挑选的性别"，那就意味着她们到了一定年纪就必须嫁作人妇，即便这场婚姻注定是不幸的。

但是如今时代不同了，终身不嫁，甚至一辈子没有谈过恋爱也都没什么可大惊小怪的。而在"不结婚的女性的人生不完整"的时代，普遍存在着父母之命媒妁之言或政治联姻等强制性的婚姻，因而结婚的门槛可谓今时不同往日。

而且，如果女性的命运只是"人为刀俎我为鱼肉"，那么男性自然会无可阻挡地被更为青春洋溢（生育能力更强）的女性所吸引（第4章还会讲到，其实不是所有男性都是如此）。这也就意味着"变老等同于老化变质"。也正因为如此，才会催生出前文中《女人市场价究竟值多少》这样扭曲的报道。

这毫无疑问是在"物化"女性，在贬低女性。而本书所要介绍的思维方向与此截然不同。

要 点

看到心理创伤的存在，继而疗愈自己。

第 **2** 章

把"应该"
转变为"渴望"

怎样摆脱"完美主义"？

进取心与完美主义完全是两码事

在第1章，我谈到了"女子力"本质上是一种"完美主义"。

针对完美主义，我有一个药到病除的方子。这个药方也适用于"女子力"。

我想很多人都有这样的想法——"想要尽可能从事高层次的工作""想要尽己所能做一个落落大方的人"。

有些人虽然看上去自暴自弃，但当你刨根问底地询问缘由，便会发现她们都曾被某种形式的"尽可能……"伤害过。

后来她们破罐子破摔的状态，其本质只是对更好的生活的向往。

我自己也想要脚踏实地取得工作上的进步，想让心智更加成熟。然而，这些追求与完美主义完全是两码事。

正所谓人无完人。

每个人都是携带遗传信息的生命。我们不但无法决定与生俱来的东西，还要面对许多超出自己可控范围的情况，譬如教育方式、生活环境、身边人的价值观以及自己的人生经历。

而**在这些"情况"的影响下，人的能力是有限的。**

在我看来，人类所追求或憧憬的"完美"，都只不过是天方夜谭。

"想要成为脸上时刻洋溢着笑容的女人"

【案例】

我想要成为一个脸上时刻洋溢着笑容的女人，可是当自己有伤心事或者感觉疲惫的时候，表情就会很难看。一旦碰上不顺心的事，就会很在意周围人的眼光，连表情都是僵硬的。

人非圣贤，疲劳的时候显现疲态，伤心的时候面露愁容，这都是人之常情。

但是，我们没必要单纯因为自己是女人这一理由，就要求自己时刻面带笑容。

事实上，这并不是一个女性专属的问题。一如男性也总是被要求具备男子气概，他们同样有难过、脆弱、恐惧的时候。

人只有在悦纳自己的情绪之后，才能获得成长。

人是一种渴望进取的生物，但也需要认识到自己不是无所不能的。即便是自暴自弃的人，也有很多只是对无法取得进步的自己怀揣着恨铁不成钢的心态。倘若从未渴望进步，那么自暴自弃也就无从谈起（因为她们已经安于现状）。

还有那些萎靡不振的人。她们可能曾经干劲十足，但是受困于种种"情况"，最终一无所获而心如死灰，以至于对"积极进取"心生恐惧，甚至濒临抑郁。

完美主义，就是在苛责自己、苛责他人。它会降低我们的自我肯定程度，破坏人际关系。

那么，在了解这一点的基础上，我们应该采取哪种姿态，才能最有效地发挥"积极进取"这种人的天性？

这便是我提出的"尽己所能的完美主义"。

在过去的生活中，我们都曾经面临过各种"情况"，并且迎难而上。

因此，我们也是付出了各种努力，才保持着目前的样子。对于现在的自己，可以报之以一句"现在这样就挺好"。

"现在这样就挺好"，是一句能够让人坦然接受现状的"咒语"。

这句"咒语"是我发明的，但从我的临床经验来看，它疗愈了很多人的心灵。

尽管有些人能够在自身"情况"所限下取得更大的成就，但我从不同的人们那里了解到这样一个结论，那就是"哎呀，面对这种情况，我别无选择"。

因而，所有人都可以对自己乃至身边的人说一句"现在这样就挺好"。

自我肯定，可以让自己更加放松，也更容易焕发活力。

告诉自己"现在这样就挺好"，能够激发"明天还要更努力一点"的斗志。

人就是这样一种生物。

也许明天的结果依然不尽如人意。可那是因为明天也有明天的"情况"。

所以，在明天结束的时候，也要告诉自己"现在这样就挺好"，再度激发斗志。

如果我们能够点滴积蓄斗志，那么至少可以向心中所期望的方向不断前进。

要点

遇到艰难时刻，要告诉自己"现在这样就挺好"。

成为独立女性的第一步

打破"应该"思维

"应该"这个词，描述的是"商品"的属性。

"具备某种品质"的说法，就是典型的"应该"思维。"这种商品具有这种功能"也属于"应该"思维。咖啡厂商打造出让顾客心满意足的功能，同样是因为"应该"。人们相信这些"应该"，一旦未能达到标准，便要求退换货，甚至一纸诉状告上公堂。

不过，我们现在探讨的是如何让女性摆脱"物化"。

女性不是"商品"，而是独立自主的、活生生的人。

成为独立女性的第一步，就是要把"应该"转变为"渴望"。

"拥有良好的人际关系"就是人类的"渴望"之一。

我是一名精神科医生，专业从事"人际关系疗法"。我从大量病患身上发现，人际关系与心理健康存在密切的联系。人际关系方面的矛盾是造成心理压力的重要因素，而"良好的人际关系"能够给人带来巨大的精神满足。

人是社会性生物，我在临床实践中，曾无数次目睹破碎的心灵被人与人之间的脉脉温情所拯救的情形。

良好的人际关系最能拯救人

说到这里，想起了19世纪英国维多利亚女王的一件趣事。这个故事我很欣赏，想必也为很多人所熟知。

故事讲的是维多利亚女王出席一场宴会，宴会上用到了洗指钵（一种盛水的容器，用于餐前净手）。一个受邀参加宴会的外国贵族不认识洗指钵，把里面的水喝了下去。

如果是一个眼中只有"应该"的人，大概就会向这个贵族投以"太没涵养""不知礼法"的目光。不论是否告诉对方真相，场面都会十分尴尬。

然而，维多利亚女王却在明知那是洗手水的情况下，也把水喝了下去。

毫无疑问，这种行为堪称"不合礼数"。但我恰恰认为这一举动将"应该"转变为了"渴望"。

设宴的目的是款待、取悦对方，是要与对方建立亲密的关系，而不是比赛谁更懂得礼仪。

随后，那些一时间不知所措的宾客也体会到了女王照顾客人颜面的深意，气氛顿时缓和了下来。

日本有许多关于涵养的书，而且都很畅销。我也拜读过，可是在这些备受读者好评的"涵养"书籍中，"应该"思维的压迫感却扑面而来。

"想让别人觉得你有涵养，坐姿就应该端正""应该不苟言笑"……这种说教随处可见。

这未免过于死板教条了。

这种书读得越多，自我肯定程度就会越低，最终降低自己的涵养。因为**只有健康的自我肯定感才能培养出友善的态度，而这也是涵养的一部分。而用"应该"来苛责他人，也会降低自己的包容度，有损自身涵养。**

维多利亚女王为什么要那样做？我认为，相比于"礼仪"所规定的"应该"，她更加看重自己对人际关系的"渴望"。

这里面包含了本书主题的两个重要因素：其一是"渴望"，其二就是"人际关系"。

"人际关系"非常重要。

前文谈到，人无完人。如果说强加于人的"应该"会让人感到痛苦，那么**能够将我们从中拯救出来的就是"人际关系"**。换言之，就是借助他人的力量来帮助自己。

譬如说："我不擅长选择店铺和礼物，你能不能帮帮我？""我用不惯刀叉，一上手肯定露怯。要用刀叉的时候方不方便教教我？""我对自己的餐桌礼仪没有信心，和刚认识的人一起吃饭时，吃相总是很僵硬。要是我吃起东西来笨手笨脚的，还请多多谅解。"

上述这些表达方式不但能够解决实际问题，还有助于塑造良好的人际关系。

害怕被别人抓住弱点是一种不健全的人生观。其实，人在了解他人的不足之处以后，会变得更加友善，人际关系也会变得更加融洽。

要点

重视"渴望"，能够显著改善人际关系。

怎样破除"自己是个废女"的想法

你感觉自己正在"老化变质"吗？

很多人都对自己的女性身份不认可，或是对女性身份感到不安。

要知道，一旦你产生这种念头，那么你就会成为一个"不爱自己的人""无法悦纳自己的人""生活举步维艰的人"。换句话说，你需要疗愈。

既然"女子力"如此典型地束缚了女性，下面我就以它为例，来介绍心理疗愈的方法。

当你觉得自己是一个"废女"的时候，只要有意识地按照以下五个步骤进行剖析，就能很快实现自我疗愈：

1. 找到束缚自己的、被强加在女性身上的"应该"。

2. 被这种"应该"束缚时，细细体察它如何影响你的自我肯定感。

3. 剔除那些忽视了人之常情的"应该"。

4. 从"应该"当中挑选自己可控的"渴望"。

5. 肯定自己的努力。

当你按照上述过程进行剖析之后，可能就会发现，这些"应该"虽然是外界强加给自己的，但其实，**只有把自己当成"商品"的时候，自己的价值才会是由外界来决定的。**

所以，除非你主动将"应该"转变为"渴望"，否则你将永远都是一件日渐老化变质的"商品"。

你想要一辈子都做一件任人评头论足的"商品"，还是想要在宝贵的人生旅途中肯定自我，同时感受到人与人之间的温情？

想要摆脱"物化"，不能守株待兔似的等待"外界不再把你当作商品"，而要主动地从认知层面进行改变。

把"应该"转变为"渴望"的五个步骤

接下来我们借助前文提到过的例子，来了解一下这五个重要步骤。

【案例1】

　　对餐桌礼仪没有信心。和不熟悉的人一起吃饭时吃相会很僵硬。

1. 找到束缚自己的、被强加在女性身上的"应该"。

"既然是女人，吃饭时理应优雅。"

↓

2. 被这种"应该"束缚时，细细体察它如何影响你的自我肯定感。

　　当你感觉"自己作为一个女人来说真是失败啊"的时候，请你思考这种感觉究竟对你的自我肯定感有多少影响。

　　也就是说，在产生"自己做不到"的感觉之后，体会一下诸如不再积极渴望有所作为、感受不到幸福以及自我折磨之类的情绪，对"自己的幸福生活"造成了多少阻碍。

　　当然，在后续步骤中我们会剔除这些情绪，但是"剔除"的主语，终究还是你"自己"。

　　而"被束缚"的也是"自己"。

关键就在于认清这个"主语"。当我们被"应该"束缚的时候，仿佛一切都是外界强加在我们身上的。然而仔细想来，其实是我们自己选择了让这些"应该"来束缚我们自己。

很多时候，我们提防食品添加剂，非有机食品不吃，对于"入口的东西"无比小心，却莫名其妙地对于"入脑的东西"无所顾忌，甚至任由有害思想侵入大脑。

让人自我折磨的"应该"，就是典型的有害物质。

这是我们自己的人生，因此无论"世人"如何评说，我们都要留心有害思想对大脑的侵入和控制。

↓

3. 剔除那些忽视了人之常情的"应该"。

让我们来想一想是什么"情况"导致自己的吃相不够优雅：譬如，手指不灵活、从来没有机会好好学习餐桌礼仪，等等——请忽视"这都是借口"之类的杂音。事实就是事实，应当予以尊重，否则就无法把这种"应该"转变为健康的"渴望"。

↓

4. 从"应该"当中挑选自己可控的"渴望"。

我们为什么要优雅地用餐？可能是因为我们想要让自己与他人在用餐时心情愉悦、气氛融洽，也可能是我们想要给对方留下一个良好的印象。

但是，当我们遭遇步骤3当中的"情况"之后，唯一的目标就变成了"优雅的吃相"，这就等于一味关注自身的"商品"属性，反而忽略了"与对方的交流"。

而自己可控的"渴望"，其实是"渴望与对方共度快乐时光""渴望与对方建立良好的关系"。

因此，不妨坦然告诉对方"我确实对自己的餐桌礼仪没有信心"，或是请教对方"这道菜规范的吃法是什么"，这才是最有助于实现目标的做法。此外，如果能告诉对方"能与您共享这美味的一餐，真是太高兴了"，那么对方绝不会对你的举止有所反感。

↓

5. 肯定自己的努力。

或许步骤4需要一些勇气。但这并不妨碍你表扬自己，因为你为了与他人建立融洽的关系，不惜自曝缺点。

这时，你不再一门心思关注"自己不规范的餐桌礼仪"，也不再执着于"自我"，而会感受来自"对方"的亲切友善。

有些人需要很多次历练才能找到这种感受，请务必珍惜锻炼自己的机会。

要点

注意力不要放在自己身上，而要放在"目标"上面。

缺乏"女子力"也能成为出类拔萃的女性

自己的生活平淡无奇，该怎么办？

让我们再来练习一下破除"应该"的五个重要步骤。

> 【案例2】
> 　　对绘画、音乐等高端文化知之甚少，只喜欢
> 漫画和上网。

1. 找到束缚自己的、被强加在女性身上的"应该"。

　"一个精致的女人，应该了解上流的绘画和音乐艺术。"

↓

2. 被这种"应该"束缚时，细细体察它如何影响你的
自我肯定感。

深切认识到自己是个对艺术一窍不通的"废女"（自我肯定感极差）。

↓

3. 剔除那些忽视了人之常情的"应该"。

每个人都各有所好，自己喜欢漫画和上网。就算去美术馆和古典音乐会也体会不到个中乐趣。虽然努力想要让自己沉浸其中，但最后还是漫画和上网才能带来更多的快乐。

↓

4. 从"应该"当中挑选自己可控的"渴望"。

漫画和网络之中未必没有艺术。你只是渴望把时间用在让自己能够获得快乐的地方。

↓

5. 肯定自己的努力。

存在即合理，漫画、网络内容也是如此。虽然可能有人对此抱有偏见，但是能够鼓起勇气承认自己这种"喜好"，同样可以说是一种"努力"。

艺术和音乐有它们的拥趸，漫画和网络内容也有自己的"粉丝"。大家一起构成了这个世界。

你能想象一个没有漫画家的社会吗？据我所知，有不少人就是因为漫画相识相知，成了好友或是恋人。

【案例3】

一天到晚忙得脚不沾地，屋子里乱七八糟！

1. 找到束缚自己的、被强加在女性身上的"应该"。

"一个干净利落的女人，即使再忙，也应该把房间收拾利索。"

↓

2. 被这种"应该"束缚时，细细体察它如何影响你的自我肯定感。

感觉自己邋里邋遢，是个十足的"废女"（自我肯定感极差）。

↓

3 剔除那些忽视了人之常情的"应该"。

人的精力是有限的。越忙越要分清轻重缓急，不然就要累得一命呜呼了。显然，休息和睡眠比收拾房间更重要。

↓

4. 从"应该"当中挑选自己可控的"渴望"。

自己就算再忙，也渴望享受日常生活。可以利用泡澡放松的时间听一听喜欢的音乐，哪怕只有片刻。

↓

5. 肯定自己的努力。

不但没有在忙碌中迷失自我，而且特意留出了放松的时间，要肯定这样的自己。

【案例4】

想要温文尔雅地说话，可是一不留神就说了句粗话；有时候一聊到兴头上，说起话来就没大没小，之后又羞愧得无地自容。

1. 找到束缚自己的、被强加在女性身上的"应该"。

"一个规规矩矩的女人，任何时候谈吐都应该温文尔雅。"

↓

2. 被这种"应该"束缚时，细细体察它如何影响你的自我肯定感。

感觉自己是个言语粗鲁、不上档次的"废女"（自我肯定感极差）。

↓

3. 剔除那些忽视了人之常情的"应该"。

一个人的谈吐反映的是她迄今为止的生活环境。周围的人说话都不文雅，那么她自然而然也会这样说话。

↓

4. 从"应该"当中挑选自己可控的"渴望"。

渴望让对方了解自己关注谈吐方面的问题。

譬如，一不小心口不择言，就赶紧补一句"哎呀，不好意思，又失言了"，或者是口无遮拦的时候，向对方解释说"我这人一聊到兴头上说话就没大没小，我只是想显得亲近一些，实在对不起"。

↓

5. 肯定自己的努力。

非但没有因为谈吐不佳而羞于启齿，反而落落大方地表达出来，以期促成更为良好的人际关系，要肯定这样的自己。

【案例5】

字写得丑，不敢写感谢函、贺卡，不敢签名。

1. 找到束缚自己的、被强加在女性身上的"应该"。

"一个知书达理的女人，应该写得一手好字"。

↓

2. 被这种"应该"束缚时，细细体察它如何影响你的自我肯定感。

感觉自己是个把字写得像鸡爪似的废女（自我肯定感极差）。

↓

3. 剔除那些忽视了人之常情的"应该"。

人写字有好有坏，这既反映了一个人手眼脑是否协调灵巧，也反映出一个人对书法的重视程度。练字确实可以提高书法水平，但未必一定能够写得漂亮（每当我要在书上签名的时候都会后悔自己没有练过书法，但谁让我之前对书法毫无兴趣呢）。

工作中如果确实需要写一手好字，那么只要能够通过录用考试，后面顺其自然地练习就好。

↓

4. 从"应该"当中挑选自己可控的"渴望"。

·起码要写得整整齐齐，写得认认真真。告诉对方我已经认识到自己的字写得难看，并且正在努力提高。

·放弃对书法的苛求，而是专注于"表达"。

·不再拘泥于文字，转而使用插图等方式表达自己。

↓

5. 肯定自己的努力

·尽可能认真书写。

可以在感谢函中加上这样一些话："字写得不好，十分惭愧。现在正在练习钢笔字，希望下次致函时能够有所提高。"

·使用电子版文件，尽量避免手写。

·使用插图等其他方式，精心打磨自身形象。

要对采取这些做法的自己予以肯定。

要 点

重视"渴望"。即使做不到，也不要苛责自己。

看到自己真正的"渴望"

"废女化"可能是逃避而非渴望

在我们选择"渴望"的时候，也要有所注意，那就是这种"渴望"究竟是不是我们真正的渴望。

"渴望"不是对"女子力"这种"应该"产生逆反心理，变相沦为"废女化"。

比如，假日懒懒散散，任由房间脏乱差；再比如，一个人在家自斟自酌，妆也不卸就睡了过去。

当然，这些确实有可能是一些人渴望做的事（譬如一度盛行于世的"干物女"）。

此外，也可能是结束了忙碌的工作，心想"算了，今天不打扫了，就这么乱着吧"，还可能是遇到了不顺心的事，"今天没有护肤的兴致，还是痛痛快快地喝一场吧"。一些人将这些当作一种"仪式"，享受适度放纵的生活。

不过，正如前文所说，我认为很多人的"废女化"只是对"女子力"的逃避。

要区别"真正的渴望"与"逃避"其实很简单。

二者区分的标志在于：自己的感觉是好还是坏。

如果所作所为伴随而来的是"本来不应该做这种事的……""又弄成了这个样子……"之类的负面感觉，那么这就是"逃避"。

但如果是"今天又放松了一下"之类有助于激发你的正能量、让你更好地面对明天的感觉，那么就是自我肯定的"真正的渴望"。

留意社交媒体带来的刺激

也有很多人在浏览社交媒体之后，会产生"自己做女人很失败"的感觉。

【案例1】

浏览社交媒体让我很痛苦。"哎呀，她嫁得那么好""她又生了个可爱的孩子""她在朋友圈里是那么光彩夺目""工作干得风生水起"。反观自己一事无成，像是被世界抛弃了。

【案例2】

我喜欢看艺人的美食博客，可是一想到要在餐桌摆上琳琅满目的美食，我就觉得心有余而力不足。

这些烦恼与"女子力"息息相关。因为社交网络大家都用过，前面的步骤大家也熟悉了，所以我在这里简单分析一下，不再划分步骤。

互联网上呈现出来的内容具有十足的冲击力。

在人受到的各类刺激中，视觉方面的刺激最为直观。由于互联网内容具有随机性，所以映入眼帘的东西往往完全出乎我们的预料，强烈的刺激感也随之而来。

尤其是当这些刺激展示的是"他人的长处、自身的短板"的时候，挫败感便会汹涌而出。这种感觉自然会碾压客观理性的思维。

因此，**如果你在社交网络上看到了某个让你产生挫败感的内容，请你权且把这种感觉当作一种正处在巅峰状态的刺激感。**

就好比是磕到腿之后会感到阵痛。痛感只是来自刚才的磕碰，我们并不会多想什么。

何况在社交网络上，人们都是在"包装"信息。如果菜品不丰盛、摆盘不漂亮，又怎么会激发他人浏览的欲望呢？

对以兜售人设为本职工作的艺人来说，美食博客本来就是工作的一项内容。

我们又不是艺人，没必要把这当作一种"应该"。

很多人虽然不是艺人，但同样把社交网络视为一种"展示窗口"。

喜欢标榜"我很幸福"的人，并不一定是因为自己幸福洋溢才出来展示。倘若真的足够幸福，又有什么必要四处展示？

这让我想起前些天接受采访的时候听到的一件事。据说一些在社交媒体上展示自己"生活充实"的人吐露真言："如果生活真的很充实，又怎么会有空闲时间玩社交媒体？

不在社交媒体上表演充实的生活，又能干什么呢？"

　　不出所料，但依旧让我唏嘘不已。

要　点

真正的"渴望"，

能让你更自信地面对明天。

第 3 章

走出爱情的困局

"缺乏自信" 的问题

因为积极，才会自信

想要摆脱"物化"，就要转变爱情观。

如前文所讲，由于一直以来女性都是"被人选择的性别"，所以在传统观念中，女性在恋爱关系里都是"等待被男性看中的一方""等待男性表白的一方"，不然就会被斥为"品行不端"。因而女性自然处于一种被动的立场。

尽管我们不能以偏概全地说所有女性都是如此，但只要女性成为供人选择的"商品"，那么就会被赋予所谓的"保质期"。

男性对女性的感情倦怠期，以及男人拈花惹草、喜新厌旧之类的所作所为，也都来源于这种"保质期"。

而被男性视为伴侣的女性，两人相处越久，共同的经历越多，相濡以沫的感情也会更加深厚（当然这需要相互尊重和积极主动的努力）。

我个人不乏恋爱经历，早在青春期我就坚信良好的亲密关系能够决定人生的质量，但我从未消极等待别人的挑选。

我认为如果不主动让对方了解你，也不去了解对方，不向对方表达你对他的好感，那么缘分就无从谈起。

主动参与，对于确立和维系恋爱关系都非常重要（用当下的流行语来说就是做个"肉食系女子"[1]）。

反之，在对方主导下确立的关系，可能会演变为自己被对方所支配，甚至沦为对方的附庸，或发展为家庭暴力。又或者是自己对对方的好感只是源于不着边际的幻想，不允许现实与幻想存在偏差，或是因为这种偏差而心灰意冷，从而导致一种不健康的关系。

在很多没有恋爱经历的人看来，那些积极投身爱情的人"是因为有自信才能这样积极"，其实恰恰相反。

很多人正是因为拿不准自己与对方能否走到一起，才去积极探索这份缘分的可能性。

而且，我也不认为守株待兔的做法能够提高自己作为

---

1 日语名词，指看见中意的人，会像猛虎扑食一样主动表达爱意，完全不顾旁人看法的女性。

"商品"的价值。

　　只有告诉对方"我正在寻觅人生伴侣，而我觉得你是一只潜力股"，才能为爱情创造更多的机会，尤其是在如今"草食系男性"[1]遍布日本的情况下，更是如此。

要点

没有勇气的时候也要主动出击，

哪怕只是作为一次"探索"。

1　日语名词，指缺乏物质欲望和功利心，秉持被动爱情观的年轻男性。

"剃头挑子一头热"的问题

怎样走出一场虐恋

发自内心的爱情冲动，非常容易让自己受伤。

不但失恋会受伤，当你满心欢喜地以为对方对自己有特殊的好感，对方却说两人只是兴趣相投的朋友，并不是男女之间的感情，又或者是得知对方其实另有所爱，这些时候都会让人伤心不已。

对这些情况的恐惧，难免让人对爱情产生消极情绪。毕竟没有人想要受伤。

可是，如果始终被"假如失恋了怎么办""假如对方没看上我怎么办"之类的恐惧感所束缚，不采取任何行动，那么爱情只会离你越来越远。

因此，接下来我将整理"战胜虐恋的方法"，帮助这些女性鼓起爱情的勇气。

首先，毋庸置疑，失恋是一件伤心事。正如我前文所说，它会造成一种"失落感"。但你可以任由悲伤、生气、懊恼、嫉妒之类的情绪宣泄出来。只有积极地肯定这些伴随"失落感"而来的情绪，才能更好地走出一场虐恋。

这些情绪可能让你对未来感到绝望，但其实不足为惧，那只不过都是"失落感"带来的正常情绪。

就好比是受了皮外伤，疼痛是正常反应。

要认识到"眼下正是自己与'失落感'战斗的艰难时期"，安慰自己，而不是责怪、逼迫自己。

同时，也没必要认为失恋是"自己作为女性的失败"，把失恋与自身的"价值"牵扯在一起。我理解这种感受，**但终究爱情也只是一种"人际关系"而已。**

事实上，不是自己没有价值，而是自己与对方没有缘分。

找到一个更投缘的人，无疑是奔赴下一场恋爱的原动力。

可能有人认为"说归说，可是……"，那么请回忆一下自己与对方交往的时候。如果你向对方展现了真实的自我，却遭到了对方的否定，那么，这就是"不投缘"。

"既然对方讨厌真实的我，那么我再包装一点自己不就好了吗？"如果你是这样想的，那么收获幸福爱情的可能性反倒会变得更低。

经过伪装的爱情，总是伴随着自我否定和紧张情绪，而不是发自内心的喜悦。

包装粉饰带来的只有虚荣。这种爱情不仅会让自己更加寂寞，还会降低自我肯定感。

反而是"早就应该坦率展现自我，不应该遮遮掩掩"的自我反省，更有助于收获幸福的爱情。

当然，放下过去需要一定的时间。

也许，暂时认可"失恋造成的失落感"，心情低落地生活一段时间，才能更快地奔赴新的恋情。

前文谈到，积极肯定"失落感"所带来的情绪的女性，会更加积极地消化"失落感"，也更容易走出失恋的阴影。

警惕"被人支配的爱情"

还有不少女性怀揣着诸如此类的烦恼："为什么世上有些女人总能得到男人体贴入微的呵护？""怎样才能让男人对自己关怀备至？"

有时候，自己全心全意地投身爱情，对方却只当是一场游戏。

或者是被单相思的对象伤害之后，依然对他穷追不舍。

还有些时候是坠入爱河，被蒙蔽了双眼，将"自己也应该得到对方的呵护"抛到了脑后。

即使你非常"想要被人疼爱、被人呵护"，但如果对方不这样做，你也无法强迫对方变成这样一个人。有时候自己可能还会隐隐不安，心想"如果我对他提出这样的要求，他会不会觉得我是一种负担而和我分手"。

当然，确实有些自我肯定程度低的人认为"自己不配获得这种待遇"，但**也有些人是因为恋爱才降低了自我肯定程度**。

"是否被男性疼爱"的想法，会在一瞬间让女性变成任人宰割的鱼肉。原本在生活中应当独立自主地进行价值判断，如今却事事以对方为中心，最终沦为"任人摆布""没人疼没人爱"的女人。

想要找到真正能够相濡以沫的伴侣，**不如坚持"冒着被对方讨厌的风险，也要让对方了解自己"的原则**，也只有这样才能建立相互尊重的恋爱关系。

反之，如果"害怕被对方讨厌"的心理占据上风，那么就会变得逆来顺受。或是掩饰自己，或是忍气吞声，最后不断消磨自己的内心。

也许很多人都听说过爱情里"支配与被支配关系"的说法，一旦自我肯定程度降低，就很容易"被人支配"。

家庭暴力就是一种典型的被支配的后果。除此以外，当你感到他的意见无可撼动，或者是一和他说话就觉得自己一无是处，但又想要获得他的赞许，那么你很可能已经被对方支配了。

"单相思"与人的自我肯定感息息相关，只要认定"他的爱是我的全部"，那么"他对我爱搭不理"的情况便会进一步挫伤自我肯定感。

而解决这个问题关键词就是"自我"。

不论"他"对你是否爱搭不理，都不要把"他"作为这句话的主语，而要把自我作为主语。比如，可以这样说：

"与他交往，会让我心情郁闷。"

"与他交往，会刺激我内心的阴暗面。"

总之，只需要考虑自己能够从这段恋情当中得到什么即可。

这样，无论对方与我们是两情相悦还是渐行渐远，都能够很容易地判断出对方是不是值得托付真心的人，或是对方愿不愿意接受真实的自己。

　　与控制欲强的人走得很近，未来注定不会幸福，只会沦为一个失去灵魂的机器人。

　　相反，不少人都是从"嫁鸡随鸡嫁狗随狗"的执念中解放出来之后，才重新踏上了灿烂的人生之路。

要点

要有勇气向对方说"不"。

为什么没有完美的爱情？

或许就是自我肯定感的问题

最近，"草食系"的年轻人越来越多了，而且根据数据显示，日本69.8%的单身男性以及59.1%的单身女性表示自己"没有恋人"（该数据源自第十五次"出生动向基本调查"[1]）。

在当今这个时代，人们似乎不再戴着有色眼镜来看待没有恋爱经历的人，也从"爱情至上"的人生中摆脱出来，获得了自由洒脱。

不过，我相信"想要谈一场恋爱"一定是很多人共同的愿望，所以我还是要说几句不太中听的话。

---

[1] 出生动向基本调查，由日本厚生劳动省国立社会保障及人口问题研究所为主体实施，主要调查日本国内婚姻、生育、育儿以及单身人群等情况，基本上每五年实施一次。

在我看来，所谓"坠入爱河"，其实就是一种最多持续三个月的积极正向的刺激感。

刺激感既有积极正向的，也有消极负面的。

极端的负面刺激会造成心理创伤。在刺激持续的整个过程当中，最强烈的阶段大概有一个月，比较强烈的阶段为期三个月。为期一个月以上，就会产生一系列妨碍日常生活的症状，这种严重的状况一旦持续下去，就有可能造成创伤后应激障碍等疾病。如果负面刺激持续三个月以上，就会发展为慢性创伤后应激障碍。

即使你提醒那些刚刚坠入爱河的人"那个男人有问题"，她们也往往充耳不闻，因为她们正处于刺激的巅峰时期。这种情况情有可原。

爱情的体验（对方的甜言蜜语、浪漫举动等）给她们带来了积极的刺激，掌控了她们的大脑。

在此期间，她们看不到"真实的对方"，脑子里全都是浪漫的刺激感。而这些潮水一般不断涌现的刺激感，让她们沉浸在爱情之中不能自拔，自然也就顾不上研究现实中对方身上的缺点。三个月过后，也就是刺激感慢慢消退时，如果她们再次听到"那个男人有问题"，便会觉得言之有理。

因此，我建议至少用半年时间相互了解，在此之前不要确立无可挽回的关系（例如结婚、怀孕）。

　　我知道有人会说暗恋可以持续很长时间，但那毕竟不算是现实的关系。

　　我们可以对某人单方面心生爱慕，就像是追星一样。

　　不过，一旦两情相悦，开始交往，那么就会转变为"人际关系"。对方也是普通人，自然有不足之处。特别是在刺激感消退的时候，人容易暴露缺点。"他竟然是这种人"，这份惊讶也是爱情的副产品。

　　在这种时候，想必很多人都面临过抉择——是与对方继续相处继续磨合，还是一拍两散。

　　爱情无疑存在着风险，甚至还会导致骚扰、暴力等可能危及生命的可怕后果。

　　显然，支配关系更容易诱发骚扰、暴力等情况。对方摆出一副"非她不娶"的架势，对那些缺乏自信的女性下手，一旦她们想要摆脱自己的控制便暴跳如雷。

　　因此，那些渴望爱情但自我肯定程度又比较低的女性格外危险。

　　"渴望爱情"与"自我肯定程度低"常常相伴出现。因为在这些女性看来，只要有人能够对她们说一句"我的心里只有你", 那么自我肯定程度低的问题就能迎刃而解。

爱情应该汹涌澎湃还是风轻云淡？

没有爱情的人生是乏味的吗？

我算得上是一个"肉食系"的人，但我也经常思索，爱情真的是一种有必要而且有好处的东西吗？

从最近的"草食系"数据可以看出，可能在当今这个时代，"**把爱情当作一种幸运的眷顾**"已然成为一种轻松愉快的生活方式。

也许在人们眼中，完美的爱情是相互体贴、相互尊重，能够为自己的人生（包括工作和人际交往）带来正能量的。

然而，爱情终究是一种"非你莫属"而不是"你也凑合"的一对一的关系。这种关系有时会导致有缘无分的痛苦或者嫉妒情绪。

我之所以能够认清爱情的"本质"，得益于我与心理创伤患者的接触。心理创伤患者的自我肯定程度极低。不少患者都在与支配型男性（也包括家暴者）交往。

这是因为对方释放出了强烈的"我的心里只有你"的信号。自我肯定感较低的女性对这一类的告白没有任何抵抗力。

当然，在心理创伤的康复过程中，对方逐渐变成"不合脚的鞋"，自己也获得了蜕变，会逐渐告别交往已久的对象，将注意力转移到与获得成长的自己相般配的新对象身上。但这个过程非常痛苦，绝不像说来那样轻巧。

我想，所有爱情应该都包含着这个模式当中的一部分。

为什么需要有人对你说"我的心里只有你"？这是不是为了增强自身的自我肯定感呢？

后文我还会谈到"伴侣社会化"。在我看来，恋爱时的"爱"，其性质不同于稳重、宽容对待他人和生命的爱。

当然，它持续的时间也比较短。虽然会让人产生心神荡漾的感觉，但也会伴随着嫉妒等令人痛苦的感情，让人变得不合群，心里只有"我们俩"。有时这种状态会表现在与其他人的人际关系当中。在我看来，这是一种"得不偿失"。

当然，正常恋爱的开端都是如此，但是我想很多人还是会选择与他人彼此信赖，发展出一种"他值得尊重，他能够理解我，我和他有一致的人生观、价值观，希望和他一起养育孩子"的健康的伴侣关系，这也就是所谓的"正常"的伴侣关系。

而且这种关系仍然是一种人与人之间的信任关系，与那种被人支配，并以此来掩饰自我肯定程度低的恋爱关系存在本质的区别。

不过，如果已然"开端"的爱情未能发展为健康的信任关系，而是不断去寻觅新的恋爱对象，那么这就是所谓的"恋爱依赖症"。

这种情况也反映出了各种各样的问题。其中既有相当严重的自我肯定感的问题，也有构建信任关系的问题。而且如果总是需要刺激感来让自己兴奋起来，可能也意味着欠缺保持安定生活的能力。

真正的爱情，应该是一种彼此信任的关系，这种关系有助于未来建立稳定的伴侣关系。

当然，我丝毫没有否定其他类型爱情的意思，"活在当下，乐在其中"也完全没有问题，但要注意适可而止。

如若不然，就会不经意间陷入上面提到的"恋爱依赖症"之中。

而对于我之前所说的所谓"'坠入爱河'，其实就是一种最多持续三个月的积极正向的刺激感"，有读者反馈说

"原来没有心动的感觉也是正常现象，这下我就放心了"。

的确，不少人都会过度追求"心动"的感觉。经常会遇到一些人以"他这个人不错，可是我对他没有心动的感觉"为由，拒绝进一步发展关系。

不过，如果你看出爱情本质上其实是构建伴侣关系的开端，或者"心动"与否并不影响构建信任关系，而且久而久之，彼此之间的关系会自然而然更加密切，那么"**心动**"**的感觉可能并没有想象中那么重要。**

歌颂爱情的诗歌不计其数，人们在成长的过程中或多或少都会受到它们的影响。这就导致人们在追求爱情的时候常常会陷入"幻想"。

但如果能够认识到"坠入爱河是一种积极正向的刺激感""爱情是构建伴侣关系的开端"，那就既能享受爱情的甜蜜，又能建立稳定的信任关系，摆脱过度追求"心动感觉"导致的烦恼。

要点

爱情是创造信任关系的机遇，

而不是一种增强自我肯定感的方法。

结婚就能获得幸福吗？

"不清楚自己要不要结婚"

【案例】

让我恼火的是，身边的人都认定"结婚的女人才幸福"。我觉得结婚生子什么的太麻烦了，对此一点想法也没有，但又不想成为旁人眼中不幸福的人。

这也是女性被认定是"被人选择的性别"的一种表现吧。而"被人选择"的最典型表现，就是"结婚"。

一个男性，能且只能"选择"一个想要与其共度一生的女性。这真是一种绝无仅有的"选择方式"。

当然，正如前文所说，从某种层面而言，"被什么样的男性选择"决定了这个女性的价值。

在很多人看来，"结婚"就等同于某个女性"被人选择"。但是，真正的婚姻绝不是这么简单。

很多经历过家庭暴力的人会后悔，"要是不结婚该有多好"。对这些人而言，婚姻带来家暴，孩子被丈夫虐待，离婚后又不免遭到前夫纠缠，自己和孩子心理上的痛苦久久不能平复……这么看来，自立自强又安全的单身女性着实令人羡慕。

还有很多女性都经历过婚礼上光彩照人的时刻，然而劳燕分飞之后独自抚养孩子，又由于前夫不负担抚养费，不得不因为工作、生活而心力交瘁。

即便不是这样极端的情况，在婚姻生活中也难免遇到各种问题，比方说丈夫对孕期、月子里的自己照顾不周（这会让夫妻的信任关系形成一道鸿沟），或是"双职工"家庭的女性被强加了许多"义务"，又或是与婆家相处不悦、丈夫人格有缺陷等，都会让人对婚姻心生悔意。

当女性对俗称"丧偶式育儿"的生活精疲力竭的时候，也会不由自主地羡慕那些自由自在、享受生活的单身女性。

当然，也有一些婚姻生活建立在相互信任的基础上，但也确实有人觉得"不结婚该有多好"，不是所有人的婚姻生活都幸福美满。所谓"熟年离婚"[1]，也可以说是那些一直为了孩子而忍耐的人的一种解脱。

因此，**对于婚姻，我们同样应该把关注点放在"自己是否幸福"上面，而不是关注"旁人的眼光"。**

这个问题的本质，同样是"渴望"与"应该"的问题。

女性绝不是需要"被男性选择"才能体现价值的"商品"，她们本身就能够创造社会价值，拥有独立自主的生活和社交。

【案例】

我觉得单身自由自在，懒得结婚，但是又担心这样下去，年龄大了以后生活未必幸福。

我也很介意周围人的目光和闲言碎语，不知道像这样保持单身会不会幸福。

一谈到婚姻，就离不开鲜明的浪漫主义标签，而这种

1　这里指的是那些子女刚刚成人、正步入老年的夫妻离婚的现象。

印象主要来自婚礼和新婚燕尔的那段时光。

就像恋爱关系会很快过渡到相对稳定的伴侣关系一样，婚姻生活也会很快从浪漫的新婚过渡到柴米油盐。

而且不少夫妻都是因为生活琐事引发了矛盾。

赘言一句，我认为"结婚"是一种生活方式的选择。它意味着放弃单身时的各种快乐，男女双方把家庭当作生活的中心。也意味着放弃另寻所爱的可能性。有了孩子之后，还要把孩子放在首位。

"结婚"就是建立在这些心理准备基础上的一种生活方式，这种方式既让人获益良多，也需要付出大量的牺牲。

结婚是经过上述深思熟虑之后，自己主动选择的"一种生活方式"，绝不是为了证明自己是一个被人选中的并因此而幸福的女性。

此外，除了一些想清楚"自己无论如何也要结婚"或"自己不适合结婚"的人，还有很多人"不清楚结婚会不会幸福"。

当然，无论结婚还是生子，前提都是要有相应的对象。

希望读者不要以为"自己无人眷顾就意味着失去了女性的价值"。"要不要结婚"，这个问题的症结并不在"女性"自身是否有价值，而是"**如果对象是他，那么婚姻将是最**

理想的形式"或是"如果对象是他，那么我可以和他生儿育女"层面的问题。

总而言之，婚姻是一种"人际关系"。

有些人虽然让人爱得刻骨铭心，但是"不和他结婚的话可能会相处得更好"，有些人则会给人一种"就算和他生了孩子也过不到一起去"的感觉。

有时候是对方不想要孩子。如果能够接受这个想法并同他相伴终老，那么也不失为一种令人欣羡的伴侣关系。

如果遇到能够建立伴侣关系的人，无论是否真的结婚，都要与他一起考虑一下两个人会如何经营"婚姻"这种伴侣关系。同样，在遇到对方之后，也要开始思考"怎样兼顾工作和家庭"之类的问题。

生儿育女的问题也是一样。为了摆脱物化，我认为应该舍弃"女性结了婚是不是就能得到幸福""女性生了孩子以后是不是就能得到幸福"之类以"女性"为中心的视角。反观很多男性，都会用"有缘分那当然最好……"之类的话不慌不忙地搪塞过去，从中也能看出男女之间的差异。

要点

婚姻是"人际关系"的一种形式。

打破"女人就应该生孩子"的观念

"有孩子"的本质是什么？

围绕"人际关系"这个中心，不但可以与对方一起商量"要不要结婚""要不要孩子"之类的问题，如果决定要孩子，那么人际关系的视角还有助于构筑抚养下一代的基础。

"我想这样养育一个孩子。"——其实很简单，只要像这样提前商议一下就好。

但如果采取以"女性"为中心的视角，那么自然而然就会出现"不生孩子就是不合格的女性"之类的无稽之谈。

而谈到生儿育女，就不能忽略不少本来就没有生育能力、"生不了孩子"的女性。但这种情况纯粹是"身体原因"，与"女性价值"毫不相干。

我曾在临床诊断中发现很多女性都深受不孕不育的困扰，而且根据我在其他场合了解到的情况，通常来说，面对不孕不育，男性大多会淡然表示"两个人过日子也挺好"，女性则更加倾向于"想方设法也要生个孩子"。

此前的一次问卷调查明确显示，很多女性都只是单纯地"想要生儿育女"，但也有不少人是迫于周围（尤其是公公婆婆）的压力，或者是被"没有孩子的女性是不完整的"之类世俗的眼光，以及"不生孩子，就缺失了女性价值"的个人想法所束缚。

相比较来说，男性不生孩子的"种种原因"就显得更容易让人接受。确实也存在男性无法生育的情况，但为什么人们谈论的总是女性？我作为一名医生也是百思不得其解。

我无法向每个人保证结婚生子之后一定会幸福得像花儿一样。家暴的风险依然存在。即便没有家暴，夫妻矛盾也有可能对孩子的成长造成明显的创伤。

而许多人即便走到这一步也没有决绝地离婚，原因之一就是为了"面子"。在一些女性身上，也可以找出"自己婚姻失败，是不是在旁人眼中就失去了作为女性的价值"之类的想法（近来，家暴等婚姻问题渐渐步入公众视野。虽然家暴情况正在好转，但在日本国会等公开场合，居然还有人会用"一个离了婚的女人说什么说"来奚落女性，可见时代亟待进一步的发展）。

逃离家暴，或者是不得不以单亲妈妈的身份抚养孩子的时候，以"人际关系"为中心来看待问题，也能得到更多的帮助。

一旦女性把婚姻失败看作一种"令人难堪的处境"，那么即便遇到难处也会难以开口求得他人的帮助，还会让孩子变得更加孤僻。

让一个被家暴折磨得内心伤痕累累的母亲无微不至地照顾她的孩子，本来就是一种不切实际的奢望。

而且我认为，"没有孩子的女性是不完整的"这种成见完全是站不住脚的。

的确，有很多人把"生了孩子以后才明白了……""生了孩子以后才感觉自己是一个完整的人"之类的话挂在嘴边。

但是，根据我临床接触的众多家长和孩子，以及自己的亲身经历，我深切地感受到"生孩子"的根本意义在于"拥有一个无条件爱自己的人"（这里说的是年幼的孩子。进入青春期后，孩子客观上会出现叛逆行为）。

我也曾在其他地方写到过，不少父母对孩子的爱都有"附加条件"，例如，做个乖孩子、孝顺父母或是好好学习等。但是与之相反，孩子对父母的爱往往是无条件的，他们甚至能够包容父母的缺点。

许多家长非但没有意识到这个问题，反而把孩子看作是自己的附属品。反之，那些发自内心地认为"有孩子"就意味着"改变"的家长，会把孩子无条件的爱视为一种促使自己积极向上的作用力。

那些"有了孩子之后变得更加温柔体贴"的人，应该都是在孩子无条件的爱的影响下，变得更容易无条件地接纳他人。

孩子会遇到与自己不同的"情况"，在接触这些"情况"的过程中，也有不少人开始学着关心他人的"情况"。

不少曾经一帆风顺的父母通过帮助孩子解决困难，逐渐了解了对自己而言完全陌生的世界，为人也变得更加宽容。

爱人与被爱，和"有没有孩子"无关

由此可见，**问题的关键在于他人无条件爱自己的态度，而这与有没有孩子无关。**

所以，"没有孩子，自己就缺失了作为女性的价值"之类的想法，恰恰是给自己设置了极端的"条件"，形成了一种适得其反的障碍。

得到孩子无条件的爱，并且在养育孩子的过程中直面各种困难，这样的人会更容易理解旁人的不易。

当然，并不是每一个为人父母的人都是这样。时不时也能见到一些当了妈妈的女性用一种令人难以置信、充满歧视和偏见的态度对待他人。

比方说，顺利生下孩子的女性在对待那些为没有孩子而发愁的女性时，有时态度显得十分漠然。

这些情况告诉我们，**最重要的是"理解他人的不易"，而不是关注对方"有没有孩子"。**

诚然，有孩子的人，尤其是用心呵护孩子的人，能够发现一个崭新的世界，能够透过孩子的眼睛看待生活。

不过，这只是"理解他人的不易"的冰山一角，绝对不是全部（尽管实际上很多父母连这一点都没有做到）。

可以说，那些张口闭口"没有孩子的女性是不完整的"，都是对他人的难处漠不关心的人。因为那些没有孩子的女性各有各的情况。

我的很多朋友都没有孩子。但是她们当中有些人将我的孩子视如己出，有些人匿名资助了其他孩子；甚至不仅限于孩子，她们还会对许多成年人的烦恼感同身受。与那些无视孩子的感受，把自以为是的幸福强加到孩子身上的父母相比，我觉得她们更加令人敬重。

当你倾听他人的烦忧时，请务必用心倾听。

如果你不是这样的人，那就请你养成这样的思维习惯吧——对方的言谈举止越不自然，就说明他／她遇到的困难越大。

此外，"挺大岁数还不结婚的人是否值得肯定"的问题，我们将在第4章"破解变老的恐惧"中谈到。

要点

成长的标志并不是有没有孩子，

而是"能否宽以待人"。

破解变老的恐惧

变老这件事，害怕也没用

变老就是"老化变质"吗？

【案例】

　　我非常害怕变老。容貌和形体越来越差，眼见着自己一天天跌价，真让人受不了。

　　我在"前言"中谈到，怎样看待变老，对女性而言是一个极为重要的问题。

　　如果认为"变老就是老化变质""变老意味着失去"，那么自己看到的只有老化变质和失去，生命里只剩下无尽的绝望。

　　提笔创作这本书的时候，我采访了多位年过半百的男性。他们无一例外都是单身，很有魅力，但也都有年龄相仿的恋人。

我十分了解所采访的这些男性平日里的为人，所以接下来我要介绍的"答案"都是他们的真心话，敬请读者放心。

当我问到最具有说服力的那个问题——"你怎么看待女性变老"——的时候，他们不约而同地回答道："咦？我不也是慢慢变老的吗？有什么问题吗？"

一起慢慢变老，是一种多么美妙的体验。

从青年时代便相知相爱，人们称之为"共同经历过风风雨雨"。他们似乎并不想浪费曾经那段宝贵的志同道合的经历。

对一些到了一定年纪才开始交往的人来说，他们觉得彼此之间可以"分享岁月的感受"。

有一位我非常敬重的美国前辈，她年近八旬，两任丈夫都不幸去世，但她都走了出来，她的第三段婚姻也已经有六七年了。

她和现任丈夫都是非常理性的人，两人相濡以沫，关系十分融洽。

男方曾有一个相伴四十五年的妻子，后来因病去世。据前辈说，她和现任丈夫都很庆幸"彼此都曾有过幸福的婚姻生活"，他们也会相互分享失去挚爱的痛苦。

从两人相处的方式来看，我想前辈的现任丈夫绝对不会说出"女性越年轻越好"之类的话。因为只有年龄相仿、思想一致并且拥有相同经历的女性，才能与他成为这样的神仙眷侣。

这个例子当中的关键依然是"人际关系"。

而这与把女性视为"商品"、紧盯着"老化变质"不放的观点截然不同。

想来女性当中那些极为恐惧"变老"的人，大抵都是年纪轻轻，却缺少和睦的人际关系的人。

"不敢想象的未来"到底是什么样？

其实，年轻女性害怕变老是理所当然的。

女性都是在年轻的时候开始接触到"十八无丑女"之类的观点，目睹过妙龄女子被众星捧月，以及人老珠黄之后被人讥讽"老化变质"。

事实上，年轻时的视角免不了受到阅历不足、眼界狭隘所限。即使心里明白人生具有多面性，但并没有过实际的体验。

没有实际的体验，不相信自然也在情理之中。

二十多岁的人，在十几岁的小姑娘的口中"等于已经死了"，但其实正是风华正茂的年纪。

可是十几岁的孩子又怎么能够知道这些呢？

所以，如果你向这些孩子解释"年轻并不是美丽的全部"，那么基本不会有什么说服力。

的确，外貌会随着年龄增长而改变。肌肤不再吹弹可破，面部的斑点也越发明显。有些人通过染发的方式"消灭"了白头发，但同时也消灭了头发的弹性。

如果仅仅把外貌这一方面看作"美"，那么"年轻才美丽"当然是无可动摇的真理。

但年龄增长的过程，其实就是让人逐渐明白"这种观点极为片面"的过程。

人们常说，"年轻不是全部"，人的内在比外貌更加重要。

可是，这种说法为什么没有足够的说服力呢？因为它有一个隐晦的前提——"不论如何，外貌漂亮总是好的"（比方说，"心灵美，又长得漂亮，岂不是两全其美"）。

那么我们为什么不尝试发掘能够取而代之的新视角呢？

在这一章，我想自不量力地修正一下这个"隐晦的前提"。

"年轻女性，有一种只有年轻才有的美"，这无疑是事实。无论男性还是女性，年轻自有年轻的美。

但是，年轻人生活阅历浅、见识少，同样是毋庸置疑的事实。

年难留、时易损，但同时我们会变得更加成熟，积累更多的经验。

换言之，在人的一生当中，并没有真正意义的"巅峰"。

我认为，**从身体层面而言，人的巅峰在二十岁左右，但是从人的价值而言，从来没有所谓的"巅峰"。**

不同的年龄段，都有其相应的价值。

很多人都曾对我说过"可惜年轻那会儿气量小……""到岁数了才明白过来……"之类的话。

所以，也有很多人都看到了年龄增长、经验积累的积极意义。

要点

通过积累经验，让"自身价值"无限增长。

男性如何看待女性变老

比外貌更重要的是关系

前文谈到，在提笔创作本书之际，我采访了几位五十多岁的单身男性，听取了他们关于"女性魅力和变老"的看法。

一如前述，其中最让人信服的一句话莫过于"反正和我一样，都是一起变老"。

的确，对一些志在成为"魅力大叔"的男士而言，一定的年龄在"外在"方面甚至更能加分。

不过，如果从一起变老这种"相互关系"来看，又别有一番风景。

两人可以交流"年轻人就是不一样，敢打敢拼"之类的感想，还有许多岁月沉淀的点点滴滴。他们能共享的当然不只是老年斑和皱纹。

年龄相仿的好处是还可以聊一聊"自己年轻时干过

不少出格的事"，还有曾经共同经历过的流行风尚和社会大事。

当"人际关系"这个要素融入两性关系之后，对"变老"的看法就会发生翻天覆地的变化。

当然，总有人希望青春永驻，这是个人的审美理念，无可厚非。我虽然不化妆，但我也乐于见到那些长期住院的病号在化妆之后焕然一新的精神面貌。

我也想在上了年纪之后尽可能保持美丽。但是这种"美丽"并不是所谓的"显得年轻"。

早先我曾发现这样一种现象，有些人会被称为"美魔女"。这个词原本的含义是"三十五岁以上，才貌双全、像被施加了魔法一样保持美丽的女性"，但是在现实生活当中，这个词常常被用来形容那些"外貌保持不变，让人感觉看不出年龄的女性"。

电视节目也会请一些看起来很年轻的女嘉宾，当公布她们的真实年龄的时候，台上台下一片哗然。

这些女性个个貌美如花，但其中一些人会让人对"美魔女"产生一种负面感受。

原因自然是多种多样的，不外乎"与年龄不相称""只注重年轻，内在与外在不平衡""拼命想要让自己显得年轻，让人觉得可怜"，等等。

就算是顶尖的"美魔女"，我想也无法与年轻男性形成平等的两性关系吧。

一旦纳入"人际关系"这一要素，那么美魔女"外貌上的年轻"就会变得没那么重要，反倒突出了一种"勉为其难的感觉"。

想来"与年龄不相称"的本质意义，可以理解为这个人从某个时间点开始不再成长，或者说，她放不下曾经那个年轻貌美的自己。

然而无论是谁，无时无刻不在成长。

如果别人无法感受到你的成长，也就无法感受到你的魅力。

自信心是魅力的来源

我也采访了一位长期旅居欧洲、对欧洲十分熟悉的五十多岁的男性。我问他："坊间传言法国有一句名言叫'四十五岁的女人最美丽'，这是真的假的？"

他答道："'四十五岁的女人最美丽'这种说法虽然流

传甚广，但其实关键词并不是'四十五岁'，而是'无关年龄，我的生活我做主'的态度。"

他解释道："在日本社会，女性三十多岁生子，而后扮演或者被迫扮演'母亲'的角色。反观法国女性，无论生不生孩子，她们永远都会给人以活力四射的感觉。所以那些换作日本人要叫一声'阿姨'的法国女性，也依然光彩照人。"

接着我又采访了一位旅居日本、了解日本的法国男人。下面是他的回答：

> 日本和法国在这方面截然相反。
>
> 在日本，只有年轻才称得上有魅力。
>
> 法国是红酒王国。众所周知，红酒是醇厚的代名词。或许品人和品酒有着异曲同工之妙吧。
>
> 曾有一位女性在采访时被问到"作为一位年轻女性，请问您有什么感受"。你猜那位女性多大岁数了？
>
> 足足五十岁了！这种场面在日本简直是不敢想象。
>
> 我觉得日法之间存在这样的差异，不仅仅是

因为两个国家的文化和教育不同，还有心理层面的原因。

也就是说，一个女人，要不就"打心眼里"放弃自己作为女性的魅力，要不就继续坚持下去。

女性觉得心累，或是觉得撑不下去了，就会产生"反正男人也看不上自己"的想法。这样破罐破摔的女性，自然不会吸引身边男性的目光。

我觉得这段话当中值得注意的是"打心眼里"。女性的外貌势必会随着年龄增长而发生改变。但是，这位男性表达了一个重要观点，这就是自己"心里"要认为自己"依旧充满活力"。

也许，女性变老本来就不是一个容颜老去的生理问题，而是类似于"自己已经老了，魅力比不过年轻姑娘了，爱情更是奢望"的心理问题。

简而言之，就是错误地把"魅力"等同于"年轻"。

同时我们还要明白，爱情其实是人与人交流的形式之一，而交流的前提是双方都要有交流的"欲望"。

"依旧充满活力"绝不意味着故作年轻，而是不论年龄多大，都要坚信自己值得拥有爱情，勇于向他人敞开心扉，让自己绽放这个年龄段应有的美丽。

男性同样畏惧变老

在采访中我了解到，其实一些男性也对变老感到恐惧。

多位男性这样说道："很害怕自己变老，因为那样会失去很多东西，反倒是女性失去的比较少。"

除了身体机能，男性更容易把"从事何种工作，取得何种社会地位"视为自身价值的关键（当然，并不是每个人都是这样），因而，年龄增长就意味着这些价值终将逝去。

而相对于他们这些人而言，女性似乎能够尽情享受友情、兴趣爱好以及丰富多彩的社会生活，远不像他们这样脆弱。

的确，在特定的空间范围内，同样都是年龄增长，但女性往往会在人际交往方面产生越来越大的影响力。

因为女性不同于男性的地方在于她们更加务实，而不是看重"面子"，在生活中更加注重人际关系。

我们常常会遇到一些从部长之类的岗位上退下来的男性，他们由于待遇不复从前而郁郁寡欢。面对同样的问题，女性却可以充满信心、应对自如。

要点

男人越成熟，就越不会在意女人的年龄。

在变老的过程中收获幸福

年龄越大，人生越纯粹

　　年龄增长还有一个好处，就是越来越容易找到适合自己的东西。

　　成熟的女性能够找到最符合自身兴致和性情的方式，凸显自己的美丽。即使这种方式与社会上的流行风尚背道而驰，她也绝不会用与自己不搭调的外貌示人，这也是一种自信的表现。

　　她们知道，自己已经不再是那个在衣着打扮上东一榔头西一棒子，却又为似乎什么都不适合自己而苦恼的小姑娘了。她们找到了自己的穿着风格，并且收拾得井井有条。

　　如果再说到年龄增长在"美丽"方面的优势，那就是"兼顾美貌与健康"。

　　作为精神科大夫，治疗厌食症是我的专业之一，尤其在日本，我感觉一味追求骨感美的年轻人实在是太多了。

而且有些人只关心减肥的结果，最终养成了许多对身体有害的习惯。从某种角度来说，厌食症也是这种恶果的表现形式之一。

我曾担任过抗衰老学会杂志的编委，对于抗衰老方面的知识具有一定的了解。努力保持年轻的身体和心态，无疑是一种非常健康的生活方式。

人随着年龄增长能够逐渐兼顾美貌与健康，这句话的内涵其实就是：**珍惜自己，才能让自己更加美丽。**

相反，年轻的时候，让自己变美和珍惜自身健康这二者之间存在一定的矛盾。而取决于"旁人的眼光"的"年轻的魅力"，其本身就是一种带有"商品"标签的"应该"，而非发自内心的"渴望"。

兼顾美貌与健康，是一种让人生纯粹而又幸福的方法。

没有伴侣又何妨

我的美国挚友杰利·扬波尔斯基，是一位现年九十二岁的老太太，也是我所从事的心态疗愈（Attitudinal Healing，简称 AH）志愿活动的创始人。她有一个我非常欣赏的习惯，那就是当她被问到年龄的时候，她总会这样回答："让我数数我笑起来的时候有多少条皱纹。"

我平时也常常开怀大笑，或许等我老了，笑起来也会有很多皱纹。

我觉得这是一种值得骄傲的态度，它彰显了自己这一生的生活状态——笑口常开。

我的另一位朋友也总是乐此不疲地挑战年龄增长所带来的"变老与健康"的主题。在她看来，无论年龄多大，"永远保持活力"都至关重要。

这种"活力"都契合着实际年龄，绝非故作年轻。

她不会因为"自己已经六十多岁了"之类的理由而放弃，而是努力让自己在伴侣关系、社会价值、身体健康等方面时刻保持活力——关心自己的身体，保持相应年龄段的健康体魄，而不是美容整形；改变年轻时的生活习惯，拒绝垃圾食品，通过健康饮食呵护身体。

可以说，她注重的是"活在当下"。尽管已经到了常言道的"这把年纪"，但无论是情感关系还是健康饮食，她都十分珍惜"眼前的时光"。

顺便提一句，她还是单身，并没有同居的伴侣，但是这种适宜的生活方式让她乐在其中。

这位朋友曾经的恋人说过一句让她记忆犹新的话，这句话同样打动了我："人生就像是骑自行车。一旦你不再蹬车，车就会越来越慢，最终翻倒在地。"

当时朋友还年轻，听罢心想："要是骑自行车的话，年轻的时候还凑合，老了以后骑车多累呀，打车不好吗？"

如今，她却这样说道："人生真的就像是在骑自行车。孩提时代骑的是安装了辅助轮的自行车，骑着骑着就能拆掉辅助轮了；到了年轻气盛的时候骑得飞快，根本不在乎危险不危险；上了年纪之后骑起来四平八稳、不紧不慢。为什么骑得慢还不会摔倒呢？因为平衡感已经炉火纯青了嘛。年轻的时候怎么可能骑得这么稳当？时至今日，才发现这真是个绝妙的比喻。"

我对此深表赞同。

永远对自己充满期待

还有一位我十分尊敬的女性企业家，她就是惣兵卫株式会社董事长、菜食美人协会公司代表理事畠山小百合女士。她曾说"变老是一种快乐"，于是在我的邀请下，她写下了下面这段文字——

　　我是一位五十三岁的企业家。四十五岁开始跑马拉松，五次完赛火奴鲁鲁马拉松，两年前开始挑战超级马拉松，已经能够跑完七十七公里了。

　　此前我是一个典型的"宅女"，如果四十四岁的我乘坐时光机见到五十三岁的我，肯定会大吃一惊。

　　如果回到更早以前，对二十岁的自己来说，"三十六岁创业，十七年以后，不但事业蓬勃发展，还能作为健康专家举办各种讲座，对后辈进行指导"，更是做梦都不敢想的事。如果真的能够乘坐时光机见到过去的自己，我有一肚子的话想要对她说。

　　总而言之，我想告诉她的是"不要害怕，车到山前必有路"。

　　就在我写下这段文字的时候，未来的我也一定正在为现在的自己加油助威："太棒了！你想的没错！未来的你又会取得意想不到的进步，一定不要放弃对未来的憧憬呀！"

过去的积累塑造了现在，现在的积累又将成就未来。

那么未来的自己究竟是怎样让梦想走进现实的呢？

永远追求卓越，永远对自己充满期待。这便是变老的精髓所在。

这份感悟也得益于我屡败屡战、终获成功的经历。

很多人畏惧失败，不敢向前迈出一步。毕竟失败意味着受伤，意味着损害自身价值。

可是，随着年纪越来越大，无论是谁都不可避免地会经历诸多失败。我自己就曾接二连三地遭遇失败，如今想来羞愧难当，恨不得找个地缝钻进去。但如果稍稍跳脱出这些失败回头看一看，就会发现多亏这些失败，我才能渐渐地理解他人的难处，也让自己从中获得成长。

古人云"化险为夷"，我们不能在事情发生的一瞬间就轻易断定它"是好是坏"。

只要把年轻时各种各样的经历看作是"山重水复疑无路，柳暗花明又一村"，那么内心自然会充满动力。

不必为遭遇到的事情时忧时喜，而要充满自信地从容应对。这就是所谓的自我肯定、自我信赖或是自我效能感足够强的表现吧。

变老，其实就像酿造发酵一样，是一个积淀经验、将知识转变为智慧的过程。

随着年龄增长，把过往的经历转化为精神动力——这个过程能够提升自信、消灭恐惧。

"未来的我也一定正在为现在的自己加油助威"，这是一句多么震撼人心的鼓励呀。

要 点

享受当下，会让未来更有把握。

包容会变老的自己

开启"付出模式"

前段时间，我接受了一本面向老年人的杂志的采访，访谈主题是"如何看待人上了年纪以后经常感到失落的情况"。

我的回答是："上了年纪以后，身体机能确实会下降，外貌也不像年轻时那样朝气蓬勃，因而人的关注点往往在'失去'的东西上面。但其实年老之后，人获得的东西也很多。"

谈到"获得"，我首先想到的是知识和经验。

上了年纪的人能够认识到"人生就是风雨飘摇""世上的事哪件不是说起来容易做起来难呀"之类的道理，为人处世更加宽厚。

年轻人常常一叶障目，认为眼前的事物是绝对唯一的真实，那些经验丰富的年长者却更容易达到这种境界——

"人生千回百转，虽然可遇不可求的事情比比皆是，但这也都是人生。"

这里我还想从人际关系的视角加上一点，这就是"人际关系的社会化"。

纵然是情比金坚的眷侣，也总有一人要先行离开。就算膝下有子，但是儿孙自有儿孙福，父母永远被排在第二位，更何况做父母的谁也不希望成为儿女的负担。

而且，考虑到最近"草食主义"盛行全日本，过去流行的"只有找到好的伴侣才能走好人生路"的观点也变得不再切合实际。

因此，我们真的要那样拘泥于传统的伴侣观念吗？

越来越大的年龄，让我产生了一个"**伴侣社会化**"的认识。年轻的时候，只有拥有特定的伴侣才能让我们真正活出"自我"，然而**伴随年龄增长，对"社会上各种各样的人"的好感会越发强烈**。

而且根据我的亲身经历，即便和那些与自己的价值观相左（也就是那些从主观而言不可能成为伴侣）的人相处，也依旧可以保持对"自我"的专注。

一直以来，我都从事着心态疗愈志愿活动，这个活动主张把内心的平和作为唯一的追求，抛却恐惧，专注于自己的心灵。无论身旁有没有独属于自己的爱人，年龄的增长都让我对"其他不计其数的"人（例如，在某一天的志愿活动中结识的人们）的好感越来越强。而且我想，这种感情未来还会变得更强。

在现实生活之中，比方说当你只身坐在公园的长椅上，如果心里想的是"这一片的孩子们真可爱呀，我要在这里好好地照看他们"，那么孤独寂寥的感觉就很难占据你的内心。

我相信，**当人进入"付出模式"之后，孤独感便会消失不见。**

需要注意的是"付出"这个词语。如果你想的是"有付出就要有回报"，那么其实还是"索取模式"。

自己关心他人，并因此要求他人也来关心自己，这就是"索取模式"。而一旦自己的需求得不到满足，势必会怅然若失。

反之，比方说在便利店购物时匿名捐赠找零，这种行为不但会让自己感到温暖，而且有助于远离寂寥的心情。这就是"付出模式"。

随着年龄变大，人的眼界也会更加开阔。随着智慧的增长，人们也逐渐能够把那些与自己没有直接关系的人放在心上。

如果我们不再以单纯的血缘关系划分亲疏远近，而是把全社会（全世界）视为家人，那么就能舍弃追求回报的"索取模式"，用"付出模式"为自己创造一个五彩斑斓的世界。

这样，我们就能获得"无私奉献"的满足感，从而提升自我肯定感。

与曾经的自己比较

聊到这里，可能一些读者心里就会犯嘀咕了："我是不是白活了这么大岁数？我真的成熟了吗？"

其实，这也是一种"应该式"想法："人大一岁就应该有大一岁的样子，上了岁数就应该变得成熟。"

本书必然不会让读者重蹈覆辙，又回到"应该"上去。我们依然要用"渴望"去指引自己变老后的生活。

"我是不是白活了这么大岁数？"这个问题的答案其实很简单。

那便是"**包容变老的自己**"。

两鬓日渐斑白，老年斑和皱纹也越来越多，这都是自然规律。

更重要的事情是要认识到自己"年龄大了以后，心胸也变得更加开阔了""年龄大了以后，无须浪费多余的精力，可以专注于自己的梦想了"。

让我们抛却"应该"，拥抱"渴望"吧。

第一步就是"包容变老的自己"。

如果过分关注皱纹、老年斑之类的东西，那么"包容自己"就无从谈起。相比而言，我们更应当关注"与年轻时候相比，饱经沧桑之后的自己变得更加宽厚"的自我认知。

有一句话我时常挂在嘴边——**"纵向比较，比横向比较更重要"**。

与同龄人比较包容性没有任何意义。因为每个人的处境不同，有些人就是比他人的包容性更强。假如你在人生路上遭遇过重重困难，那么也许你无法像别人那样宽以待人。

但是，**你可以与年轻时的自己比较**。只要与年轻时的一无所知、睚眦必报相比，如今的自己已经能够认识到"人各有各的活法"，那就绝对不是"白活了这么大的岁数"。

"因为成长环境不佳，自己的人生才会这样不尽如人意"，能够认识到这一点，像这样与自己对话，同样是一种自我包容的方式。

而这种自己包容自己的想法，无疑也是一种"渴望"。

从信手拈来的事情做起

"鼓励明信片"是我特别推荐的一种做法。

比方说你在报纸上看到一位名人，觉得他很优秀，那么你就可以寄给他一张写有"我认为您的所作所为非常了不起"的明信片，鼓励对方再接再厉。

对一些在写文章方面缺乏自信的人来说，一张漂亮的明信片可以弥补这种不足。匿名也无妨，只要在明信片上附上自己的年龄，收信人就会觉得喜出望外，"哎呀，我居然得到了人生阅历如此丰富的人的鼓励"。

有些人可能觉得对方未必乐意收自己的明信片，但我认为恰恰是这些人更需要抛弃以"自我"为中心的想法，大胆尝试一下。只有这样，才能明白这种做法对于提升自我肯定、排遣内心寂寞具有巨大帮助。

如果可以这么对待他人，那么当你审视自我的时候，也可以用"过去与现在的比较"的形式写下自己的进步。比方说自己曾经是那样小肚鸡肠，而现在已经明白了"人生无常""人人生而不易"之类的道理。

而对于那些依然不相信"自己真的成熟了"的人，我想说的是——

既然你拿起了这本书，就说明你已经足够成熟了。

因为如果你仍旧像年轻时那样冥顽不化，你不可能萌生"阅读一本旨在帮助自认为是'废女'的人的书""阅读一本能够消除年龄焦虑，让自己振奋精神的书"之类的想法。如果是年轻时的你，可能会把这些书看作"失败者必读书"，将其丢在一旁。

能够一边阅读这一类书籍，一边俯瞰自己的人生，我觉得这就是"成熟"。

成熟永无止境，因为从来就不存在"极致的成熟"。

但我相信，一个人渴望成熟，为了"渴望"而非"应该"而生活，便是通向真正成熟的道路。

我也想用这样的方式变老。

也许有一天我们的记忆力会衰退。但记忆力衰退也有它好的一面。不会再有鸡毛蒜皮的小事扰人清静，对他人的怨恨也会被抛之脑后，而更重要的是，我们终于能够全神贯注地"活在当下"。

要点

成熟的女性，懂得开启"付出模式"。

第 **5** 章

应对工作的压力

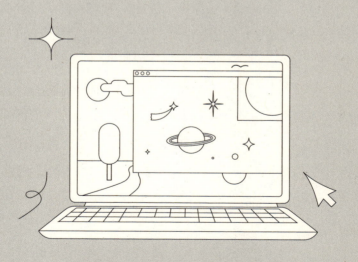

女性有自己的力量

开启崭新的工作方式

如果你问我，身为女人最大的好处是什么，我大概会回答"不用打领带"。

一方面是因为打领带会让我脖子很不舒服，另一方面也是因为不打领带象征着女性在这个社会上所能享受到的一种自由。

在日本，女性的平均薪酬远低于男性。性别赋权指数[1]显示，女性薪酬较低已然是一个全球性的问题。虽然日本不是一个充分鼓励女性活出自我的国家，但在"穿不穿职业正装"方面却给了女性很大的自由。

对男性来说，领带无疑是一种典型的"必要行头"。女

---

[1] 联合国开发计划署提出的指标之一，用于衡量女性参与政治、经济活动、公共事务决策的情况。

性的"必要行头"则包括长筒袜、妆容、高跟鞋等。但我自己出入医学界、政界活动的时候，从来都不化妆，总是一身女士套装（不穿长筒袜），脚踩一双跟高不到四厘米的高跟鞋（为了在着急的时候能跑得快一点）。

身处这个公认女性应该化着精致的妆容，穿紧身裙、长筒袜、高跟鞋的世界，我很庆幸自己并没有被这些问题所困扰。从未有人提醒过我注意着装礼仪，而且他们总是针对演讲的内容给予肯定——"今天的演讲内容很有趣。"

当然，有些场合必须穿正装，还有些场合会让你感到自己有义务去打理妆容、长筒袜之类的"必要行头"，但其实当你勇敢尝试一下另一种风格，就会发现大可不必如此。

这是为什么呢？或许衣着打扮并不重要，重要的是自己的仪态。

如果心里觉得要穿"必要行头"，那么窘迫局促的情绪就会暴露出来。当你遇到这种情况的时候，你只需要扪心自问，这真是"有必要"的吗？

根据我的生活经验，除非婚丧嫁娶必须身穿礼服，其他场合就算是素面朝天、身穿套装也并不违背社会通识。

相对于商务场合对于男性的着装要求，也就是常说的

"三件套"（西服、衬衣、领带等），对女性的要求还是比较宽松的。

而且，未来女性可以充分利用这种自由来开启崭新的工作方式。与此同时，新的工作方式也有助于缓解男性的工作压力。

先接纳，再支持

在三十二岁之后的五年间，我曾担任众议院议员。当时，为了响应议会"公开招募女性议员"的号召，我成了一名候选人。作为一个土生土长的东京人，我希望自己的选区能够在东京，结果却成了"第一个空降候选人"，来到了名叫栃木一区的选区。关键是，这里是一个保守派选区，几乎没有胜算，男性候选人都避之唯恐不及，于是乎这个区就这么"空了出来"。

就连我自己竞选阵营的同事都认为我根本不可能当选。

然而，我在小选区胜选了。当然也有许多男性为我投票，但当时我感触最深的还是每一位女性积极参政议政所展现出来的力量。

生活在这里的都是足不出户、普普通通的家庭妇女，几乎不会有人在这片传统的土地上公开宣传"女性的权利"。

一贯忽视妇女儿童的政治力量的我，居然机缘巧合来到了这里。

我需要承认，在此之前，我一直对女性（当然患者和非常亲密的闺密除外）持有某些偏见，觉得女人之间的关系十分复杂，女人又时常会拖后腿。因而我的朋友绝大多数都是男性，加之我自己性格爽朗，也更容易和男性成为朋友。

不过，栃木县的政治活动让我对女性刮目相看。

与轻易抹不开面子的男性不同，**当女性接纳一个人以后，会全力以赴地支持对方。**

虽然不是所有男人都这样看重颜面，但是"默默给予支持"的女性显然更多。而在这片传统的土地上，会有更多女性主动选择默默支持的方式。

这种情况可以从许多角度予以解读。

不过，必须赢下这场艰难的选举的我，凭借直觉领悟到一个道理——男性普遍是听令行事，而女性只有在接纳这个人之后才会有所行动。

于是，我制订了一个总体战略——当我要向男性选民宣传的时候，我就去职场、工会，而面对女性选民，我会私下拜访，向她们介绍自己。我认为这个战略是成功的。

可能人们普遍觉得男性的判断力强于女性，但其实在识人方面，女性的眼光绝对不逊于男性。女性常常会使用"生理性厌恶"之类的词语，而这也说明了她们具备"慧眼识人"的能力。

在反对贪污渎职之类行为的态度上，女性会更加坚决，男性则经常辩称"迫不得已"（这里说的只是一种大致的倾向，也有不少男女持截然相反的态度）。

很多时候男性倾向于忽略道义的"唯结果论"，但**女性更加看重"这个人是否值得信赖"**。就这样，我最后奇迹般地在小选区当选了。

我的胜选当然也离不开男性选民的鼎力支持，从得票结果来看，他们和女性选民的票数五五开。其中一些男性表示"家里的妈妈（我刚去枥木的时候以为他们说的是自己的母亲，后来才知道是妻子的意思）是水岛女士的粉丝，让我投票给她"。

这些话让我颇为欣慰。

在这片传统土地夫唱妇随的规矩背后，其实还存在着可爱的"妻管严"和在家里说一不二的女人。

这种组合，也是我欣赏的一种"女性的力量"。它坚实而温暖，让人内心备受鼓舞。

不被面子束缚的力量

当选以后，我在永田町[1]正式开展立法活动，逐渐显现出自身女性的力量。因为我从不在意"面子"，所以只要能够做出"实际成果"，归功于谁并不重要。当然，我会在自己的选区交代细节，为下一次选举做准备。此外，在永田町除了面子，"恩情"也占据十分重要的地位（尽管最近年轻议员对此并不熟悉），因而让出自己的功劳，也有利于下一次选举。

虽然接下来我要讲述的故事有些自夸的意味，却是真人真事。它显示了女性力量在工作中大有作为，我觉得很

1　位于东京千代田区的永田町，是如今日本国会两院、首相官邸、国立国会图书馆、多个党派的总部所在地。

贴合本书的主题。

当时，我所属的政党还是在野党。而我只是一个做过短短两任议员的黄毛丫头，就连当选之后也没有任何"地盘、财力和名气"。因此，我在永田町丝毫没有所谓的"政治影响力"。

有一次，跨党派的议员们聚在一起，夜以继日地研究一项重要法案的修订事宜。

这是一项我倾注心血的法案，我非常希望在其中加入"儿童权利"这几个字。

可是，执政党的一位泰斗级人物不赞同我这个在野党议员的意见。

作为一名年轻的在野党议员，其实我完全可以初生牛犊不怕虎地斥责他说"日本批准通过了联合国《儿童权利公约》，却不承认儿童权利，真是丢脸丢到了国外""不承认儿童权利的都是老顽固"。

但我并没有这样做。

我平静地问道："既然德高望重的某某议员不赞成我的意见，我想一定是有缘由的。我想请教一下您不赞成的原因，或者说您对此有什么担忧吗？"

于是这位大人物也如实相告，他担心把"儿童权利"

之类的说法加入法案之中，会造就一些我行我素、只顾及自身权利的孩子。

我恍然大悟，然后这样说道："您说的没错，我也认为这样的孩子确实是一个棘手的问题。"

我又继续说道："也正因如此，我认为孩子有权利得到成年人无微不至的关怀和教育。而对那些得不到这种关怀和教育的孩子而言，只有把这一说法加入法案之中，才能更好地保障他们的权利。"

这位大人物看出我和他有着共同的价值观，最终认同了我的意见。

不仅如此，整项法案的修订过程中，他都非常尊重我的意见。

这个小插曲让我喜不自胜，之后我在自己的主页上写道："由衷感谢执政党同人的支持理解。"

结果令我出乎意料，那位大人物竟然专程来到我的事务所致谢。他说自己当了这么长时间的议员，这是第一次收到在野党议员的公开答谢。

而我还无意间得知，在一次与我毫无关系的聚会上，另一些执政党议员评价说："我曾与水岛议员共事过，她是一个刚正不阿的人。"

在号称"面子和嫉妒的旋涡""惺惺作态之人云集"的永田町，居然出现了这种事情。永田町可是大家公认最不可能出现这种事情的地方。

自不必说，后续工作也是一帆风顺。

对于我这样区区一个在野党年轻议员的意见，体贴的前辈们不但超越党派侧耳倾听，更在背后默默地支持我，表态说"水岛对这项法案怎么都不满意。既然她想修改，那就马上和政府沟通，不要耽误了"。

当然，这些事情也可以从其他角度予以解读，但是按照本书的主旨，我大致总结了这样两点，希望给职场上的女性带来一些启示：

·因为我不太顾及颜面，所以才能够像鱼入大海一般自由自在地做事。

·因为我能够坦率地向对方表达感激之情，所以激发了对方友善的一面。

这可以说是不被面子束缚的女性所拥有的独一无二的能力。

此外，我还有一种粗浅的观点，那就是女性往往是现实主义者，而男性更多是理想主义者。

以我的个人经验来看，在工作中同样是女性比男性更加"务实"。

而对于男性，很多时候你需要给予他们一些精神层面的成就。比方说被人依赖或是被人夸奖的时候，他们会更加努力、干劲十足。而照顾他们的面子，也能够起到同样的效果。

要点

运用女性的温柔，激发对方的善意。

"因为是女人而被特殊照顾？"

这或许只是男性的借口

【案例】

　　我在私生活中很担心自己缺乏"女子力"，在工作中却没来由地反感"因为是女人而被特殊照顾"。

　　乍一看自相矛盾，仔细想来却没有那么复杂。

　　正如前文介绍，"女子力"可以看作一种毫无意义的"完美主义的尺度"，因此不必被它束缚，只需找到适合自己的"女人味"。而这与坦然接受工作中的"特殊照顾"的性质截然不同。

　　把"她区区一个女人"之类的性别歧视带入工作，这种行为本身就可以算是一种骚扰，自然令人讨厌。

当然，上一节也谈到了有利的一面，那就是不被面子所束缚的女性在工作中会更加顺利。

不过，"因为是女人而被特殊照顾"，与以女性身份得到一份好工作，看起来相似，其实很不一样。

"因为是女人而被特殊照顾"的本质，就是本书一直在讨论的、带有"商品"标签的"女人味"，属于"应该"的范畴。反之，**不被面子束缚、灵活利用"男性不具备"的优势让工作蒸蒸日上，则是一种发挥自身特长的表现**。

这是一种"渴望"，两者有着天壤之别。

【案例】

有人讽刺我说，"她仗着自己是个女人，这才拿到了那份工作"。明明我的工作能力比说这话的人强得多，但人们总拿性别说事，对能力只字不提，真是让人一肚子火。

这种让人心烦意乱的情况其实并不少见，不过我们无须为此自怨自艾。

让我们站在男性的立场上来简单分析一下。

在某一时期（在日本，划时代的标志之一是《男女雇用机会均等法》的颁布，此后逐渐发生了变化）之前，男性几乎垄断了所有承担社会性责任的工作。男性的竞争者基本也都是男性。职场中虽然也有女性，但是"坐冷板凳"的女性根本算不上竞争对手。

到了新时代，女性逐渐脱颖而出。

我还在学医的时候，曾听中国的一位医学系老师讲过，自从开始实施男女平等的医学系入学考试，优秀的女学生越来越多；但是鉴于医疗行业苛刻的要求，必须保证男学生的数量，因此才会在录取性别比例上做出一些调整。

这一说法的准确性无从考证（我个人觉得可信度还是挺高的），但至少单论应试能力，男性未必优于女性。因而当女性进入竞争市场之后男性会感到不安，也在情理之中。

男性不得不去适应这种变化，而这绝非易事。

在这一过程当中，他们有时难免会用"她们还不是仗着自己是女人"之类的说辞来为自己实力不济找借口。

但这些都只是男性接受变化的过程，并不是女性的

过错。

因此，当你听到不入耳的评价，不要认为这是在中伤自己，而要这样转变思维："看来这个男人在适应变化时吃了不少苦头呀，说不定会因此一蹶不振呢。"

"讨厌自己动不动就掉眼泪的毛病"

【案例】

　　我总是动不动就掉眼泪。最近还在单位的洗手间哭了一场。其实也不是多想哭，也不是想拿眼泪当武器。我对自己这个毛病深恶痛绝。

情感丰富是一个人身心健康的证明。

人具有多种感官。感到"烫"，就会缩回手以免烫伤。感到"疼"，就会挪开可能伤人的东西，或者是护理一下疼痛的地方。

身体上的感觉的作用是"告诉我们身体遇到的状况"，

同样，心灵上的感觉，也就是情绪，是为了"告诉我们内心遇到的状况"。

人在出现懊恼或悲伤的情绪时自然而然就会哭泣。如果自己哭了，就说明遇到了懊恼、悲伤之类的情绪。

大可不必对这种情况深恶痛绝。这只不过说明自己遇到了一些状况而已。

而且在洗手间哭泣，与"拿眼泪当武器"更是八竿子都打不着，根本无须介怀。

所谓"女人拿眼泪当武器"，指的是把哭泣当作达成某种目的的手段（多数时候是用来逃避问题），与因为正常情绪而掉眼泪完全是两码事。

要 点

因为正常情绪而掉眼泪，

与"拿眼泪当武器"完全不同。

职场中的"女性人际关系"

女性更加情绪化吗？

"女性更容易感情用事"，常常被用作女性无法胜任重要工作的借口。事实果真如此吗？

我认为，情绪化与其说是女性特质，倒不如说是一种思维方式的问题。前文谈到，在这种思维方式的人看来，"对方非敌即友"。

有些时候，女性如果认定对方是朋友，那么就可以忍受对方千般不好，但也会仅凭与自己意见相左就把对方视为"敌人"。

这种行事风格，在职场中通常会被视为"容易感情用事"。

假如一个人把单纯的不同意见看作"对自己的否定"，那么难免会感情用事。

当然，男性身上也能看到这样的特征，也存在"感情用事"的倾向，但是男性的服从意识更强，很少会将这种倾向表现出来。

"女上司动不动就大发雷霆，还是男上司更好。"据说，说这话的女职员比男职员还要多。

这无疑也反映出思维方式的问题。

如果女上司是"容易感情用事"的人，那么下属稍有不慎就会被她们划归"敌人"，态度也会变得咄咄逼人。

而且，这样的上司会更偏爱那些不可能成为竞争对手、听命于自己的男性。因为那些男性不仅会无条件服从上司，也容易产生"自己被人肯定""自己被人选中"的感觉。这也是为什么许多女性下属觉得女上司不容易共事。

怎样让女性上下级的关系更加融洽

同样，对女上司而言，女下属也未必容易共事。

【案例】
女下属让我头疼不已。三天两头迟到，工作

日随意请假，只顾自己方便，对工作和其他同事不管不问，工作态度一言难尽。

人前总是一副笑嘻嘻的模样，打扮得也挺漂亮，所以男上司们对她的所作所为都睁一只眼闭一只眼。同为女人的我看在眼里，想要好好提醒她，但又不知道该如何开口，就怕惹出矛盾。心里想不明白，为什么她比男下属还不容易相处呢？

"女上司提醒女下属"，这在很多人看来都是一件十分棘手的事情。这位女下属的工作方式虽然女上司不喜欢，但在男职员那里很讨喜。

"女性"很容易把提醒自己的人视为"敌人"，而她们把单纯工作性质的提醒当作"对自己的否定"也不足为怪。

因此，最好减少"斥责"和"提醒"之类的情况，尽量减轻言语表达中可能传递的"敌意"。

也就是说，**要把"提醒"替换为"了解情况"（我称之为"个别谈话"）**。

不论是经常迟到还是请假不注意时间场合，都不要直接予以否定，而要采用了解背后情况的姿态。

可以若无其事地询问对方缘由，不要把对方当作"问题人物"，不要让对方产生"这样做是在给其他人添麻烦""这不是一个合格的社会人应该做的事"之类的想法。

例如，可以这样问：

"我注意到你经常不能准时到岗，是有什么难处吗？"

"休假必不可少，不过要提前打一声招呼，是有什么不方便的地方吗？"

通过这种方式，有时可能会了解到一些意想不到的情况。如果确有隐情，那么你就可以告诉她，她的做法可能让其他人产生误会，而你会帮助她向其他人解释。

如果对方在"个别谈话"中没有如实相告，那么**也可以试着用朋友的口吻**告诉她"工作离不开同事的信任"。

为什么有人觉得男性更容易相处？

那么，为什么常有人觉得男性更容易相处呢？这与男性"课题达成型"的特点密不可分。

一旦男性被布置了"DO"（应该做的事），那么他们就会全力以赴地执行。

但如果女上司对他们说"看我脸色行事"，他们往往会不知所措。男性更擅长领受"DO"（例如不要迟到、请假要提前和同事商量）。

但是有些女性更加注重"关系"。

她们秉持着这样一种观念——只要关系亲密、相处融洽，那么类似于迟到以及工作日不打招呼的旷工等行为都无伤大雅。

由于这些活在别人眼光中的"女性"，总是希望保持良好的异性缘，所以如果由异性同事出面提醒她们，可能会多多少少地改变她们的态度。

倘若她们依然如故，那么还可以坚定地告诉她们，"我这人一贯照章办事，请你遵守规定"。

明确告知对方"我这人一贯照章办事"，从某种层面意味着宣布自己与"女性"特征（主要是不良特征）划清界限。

把不同的意见视为"对自己的否定"的人，通常自我肯定程度较低，她们的成长环境充斥着来自外界的否定。当然一些男性也是如此。

男性会用"派系之争"之类的形式表现出来。以我曾在永田町担任众议院议员的经历而言，"男性的嫉妒比女性更加卑劣"的说法绝非无稽之谈。

男性，尤其是死要面子的男性，基本都是"缺乏自信的人"。其实很好理解，一个信心十足的人又怎么会在意颜面上的得失呢？

遇到这种男性，只需看到"他们是因为缺乏自信才死要面子"，而后"睁一只眼闭一只眼"，"有分寸地"与他们相处。

既不要跟这些人讲大道理，也不要点破他们"其实是缺乏自信"。

与缺乏自信的人相处的最佳方式，就是保持距离。

倘若距离较近，在与他们接触之后萌生了同情心，那么关系也会随之发生很大的改变。

要点

对"意见"的否定，不同于对"人"的否定。

优秀女性领导者的共同之处

成为"新领导"

我们经常听到"女性缺乏领导能力""女性当不了领导"之类的说法。

现实中女企业家、女老板的存在虽然能够驳斥这种说法，但是可能很多人又会说了，这是因为这些女性具有异乎寻常的才能，普通女性还是缺乏领导能力。

事实上，领导能力是与时俱进的。

比方说我所从事的医疗行业，过去一说开会，都是由医生主持并下达指示，其他医务工作者按照指示开展工作。

如今，医疗行业演变出了一套更加行之有效的方式，医生所扮演的角色变成了"引导师"（ facilitator ），鼓励大家积极建言献策。

大家在会议上集思广益，告别"一言堂"，营造人人可以畅所欲言的氛围。尊重不同的声音，努力创造和谐的工作环境。

我把这种以**"每个人处境不同"为前提，杜绝独断专行的领导称为"新领导"**。

这种"新领导"为什么在工作中能够无往不利？我认为是她们**从不刺激对方的"受害者心态"和"自我防卫机制"**。

人遭到否定，或是"迫不得已"的感觉不断蓄积，往往会丧失奋斗的动力。但如果她们看到领导乐于听取意见、知人善用，那么就会把领导的支持当作动力，继续拼搏下去。

前言部分谈到，很多女性之所以"缺乏自信"，是因为她们盲目地认为自己不具备领导能力。

如果只是把领导能力看作一种"跟我来"的号召，很多女性自然认为"自己缺乏领导能力"。但如果是担任前文所介绍的"新领导"，那么女性同样能做到游刃有余。

此外，我听说不少女性不喜欢当领导，以为当领导意味着担子重了、会议多了，其实恰恰是在这些女性之中，更容易产生注重效率和灵活性的"新领导"。

女性更擅长营造友好的工作环境

人并不是简单的职场动物。许多人还要照顾家人，享受生活。

在主办志愿活动的过程中，我常常见到一些女性看起来异常忙碌，却能见缝插针地实现人生意义。这让我发现生活越是丰富多彩，就越有助于激发社会活力，营造友善的环境。

而且说到职场女性，就绕不开怀孕、生产、育儿等问题。生儿育女本身也是女性的权利。就算是没有孩子的女性，也需要自我调剂的时间。

本书将"人际关系"定位为摆脱物化的关键词之一，而职场无疑是人际关系的大熔炉。

职场是一种极具代表性的人际关系。在职场的人际关系中，对方与自己的关系并不像亲朋好友那样密切，你对她可能知之甚少，你们相处的时间却比家人更长，利害关系也更为复杂。如果相处不好，很可能会引发无休无止的分歧矛盾。

在上一节谈到"新领导"时，我谈到，如果人对职场的友好环境产生感恩之情，就会为此不懈拼搏，实现更大的成就。

这种"感恩之情"源于"职场对个人情况的关怀"。如果把职场看作人际关系的集合，那么一对一的人际关系法则同样适用于此。

每个人的处境各不相同，因而不能采用"一刀切"的解决方式。比方说特别关照那些带孩子的人，会让其他人产生受害者心态，觉得自己成了育儿妇女的牺牲品，所以这种措施非但不会令人感恩，还会适得其反。

职场中，既有虽然没有孩子但渴望充实业余生活的人，也有渴望工作的工作狂，还有受制于发展障碍，需要营造相应的环境才能专注于工作的人。

人的需求多种多样，关怀也要因人而异。

此前很多公司都秉承着"逐一关照个人需求，职场负担不起"的企业文化。

诚然，对于五花八门的个人需求而言，那些"跟我来"类型的领导显然力不从心，但"引导师类型"的领导会在沟通中激发集体的智慧，在倾听中自然而然地实现共赢，并且借此增强职场的凝聚力。

我认为，只有这样的职场才能获得长足的发展，也相信**女性能够为营造友好的职场环境发挥巨大的作用。**

围绕"渴望"规划未来的生活

很久很久以前，女性和男性一样都是以务农为生。而在并不久远的过去，很多女性会"为了婚姻家庭，选择成为家庭主妇"。

现如今，女性由于种种原因步入职场。有些人觉得走向社会就必须工作，这是自我实现必不可少的环节。有些人是迫于经济压力。有些人是为了平衡家庭与工作的关系，为社会做出自己的贡献。

尽管现在已然是一个"女性理所当然要参加工作"的时代，但工作的动机各不相同。

女性当中有正式工，也有兼职员工、合同工、劳务派遣工，每个人立场各异。这些"立场"如果符合本人所愿，那自然最好。但实际上，相当多渴望成为正式员工的人不得不像换衣服一样换着合同，于是就出现了许多矛盾。

我曾听说，一位女性在结束育儿假返回工作后成了兼职员工，而后遭到了比自己年轻许多的女性正式员工的羞辱。

正式员工待遇好，而对方的能力还不如自己，这不禁让她非常气愤。

倘若在面对现在形形色色的工作方式（尤其是自己对

这个工作岗位并不满意)的时候，再把"女性"特征掺杂进去，那么只会让工作变得更加困难。

从整体来看，女性依然是"任人摆布的一方"。不仅职场是以男性为中心，在家庭里女性也是辅助角色。而对那些独自抚养孩子的妈妈而言，"孩子发烧了你怎么办"这样一个问题，就会阻断她们成为正式员工的道路，这些都称得上是"女性独有"的问题。单亲爸爸同样很不容易，但从家庭平均年收入来看，单亲妈妈家庭的收入要远远低于单亲爸爸家庭(数据来自2012年日本全国母子家庭调查结果报告)。

因此，未来正确的发展方向应该是凝聚全体女同胞的力量，保障女性的权益。当然，这也离不开男性有识之士的支持。

胸怀远大理想的同时，也要**在工作中为自己定下目标——提高自我肯定程度，舍弃受害者心态，更好地投身工作，友善地与同事相处。**

工作到一定年纪，不仅代表着丰富的工作经验，还意味着拥有更强的包容性和更长远的眼光。

年龄增长还意味着自己不会把多余的精力浪费在"旁人的眼光"上，而是去思考"自己能做什么""能够怎样回馈社会"。

这同样是从"应该"到"渴望"的巨大转变。

在年轻的时候，工作就是无数纠缠不清的"应该"。而且由于年纪轻轻，"学习"占据了很大比重，工作好似在盲人摸象，总是为了"应该"忙得晕头转向。

不过，当我们**对工作驾轻就熟之后，就可以干脆利索地把挡位调整至"渴望"**。

而后我们就可以围绕"渴望"来筹划生活，让未来的人生旅途充满期待。

如果可以，我希望实现所有的"渴望"，抛却所有的"应该"。

这并非一蹴而就之事，但只要我们能够认识到所谓变老，其实就是面向"渴望"的人生，日复一日地自我蜕变，那么无论何年何月，每个清晨我们都将迎来面貌一新的自己。

要 点

保持宽广的胸襟，
每天都为"渴望"付出百分之百的努力。

后 记

在撰写这本书的时候，我想起了一件事，那是上大学时我和医学系女同学的一次聊天。

当时我们俩在争论"最近仔细看了一下你的脸，你可真漂亮"和"最近仔细看了一下你的脸，果然像我想的那样漂亮"这两句话哪一句更加中听。

我的朋友坚决认为前者更好，我则认定后者更好，因为后者暗示了平时相处的氛围。

我当时的想法是如果日常接触时的氛围不错，那么人就会比实际看上去更漂亮。"日常接触时的氛围"指的是开朗、体贴以及能够让人心情愉悦之类的感受。

这个想法，也恰巧符合了本书让女性"摆脱物化"的主题。

在我看来，**如果过于在意"旁人的眼光"，就无法坦诚地面对生活。**

这是因为当你太过在意旁人的眼光的时候，你心里想到的其实只剩"自己"。

当然，你心里也会惦记着那些"看着你的人"，但其实他们只不过是你的臆想而已，与你真正面对的人毫无关系。

一旦你的心里只剩"自己"，就很难用平和的方式与面对的人沟通交流，而且不论你遇到什么事，你都会不由自主地去寻找"旁人的眼光"。

这样一来，站在你面前与你交流的那个人，又怎么会有愉快的体验？

对女性而言，美丑是一个绕不开的话题。沉迷于美容整形的人比比皆是。

与过去相比，如今很多不同风格的人都会被称为"美女"，这无疑是时代的进步，但这个时代也出现了诸如"以瘦为美"的不健康观念。

事实上，容貌、形体、体质都是与生俱来、无可选择的"一种情况"。看到天生丽质的人心生羡慕，同样是人之常情。

但是，美丑在人际关系当中并没有那么重要。在判断亲疏远近的时候，几乎不会有人以貌取人，人们看重的依然是"性格好""体贴""诚实"以及"乐于接纳自己"。

人与人关系的实质，就是一种内在的相互尊重。

而所谓摆脱"物化"，就是重新认识到内在才是自我的本质。

内在说的不是性格方面的优劣（性格优劣也是每个人要面对的"情况"），而是怀揣着一颗温柔的心，尊重对方，照顾对方的处境。而这也是本书谈到的年龄增长所能带来的好处之一。

在日常生活中，主动去了解他人处境。即便无法一一熟知，也能保持广阔的胸襟，考虑他人的难处。进而把目光投向更多的人，用匿名捐赠等形式为他人排忧解难。

当我们走上这样一条道路，才能获得不惧任何威胁的"真正的自信"。

既然有幸来到这人世间，又何必要背负"女子力""美丑"之类外界评价的重压，去选择一种让自己内心不断充实的生活方式岂不是更好？

生活是为了"渴望"，而不是"应该"。这种态度也会让你焕发出勃勃生机。

本书最初的创作构想是"什么是对女性而言真正重要的品质"，后来经过反复沟通，转而剖析"女性在生活中的不易"。在此由衷感谢朝日新闻出版社的大坂温子女士对我的悉心指导和对本书的编辑工作。此外，向包括部分名流在内的多位年过半百、爽快接受采访的日、法男性友人，向特意撰文的畠山小百合女士等为我讲述变老的快乐的亲密朋友一并表示感谢。

从"不是女人该有多好"，到"很高兴自己是女人"，或者至少是"做女人也很好"——衷心希望这本书能够为这种观念的转变贡献绵薄之力，让更多女性摆脱"应该"的束缚，为自己的"渴望"而生活。

作者简介

水岛广子

庆应义塾大学医学院、研究生院毕业，医学博士。曾任职于庆应义塾大学医学院神经精神科。2000年6月至2005年8月担任众议院议员期间推动了《儿童虐待防止法》的修订。1997年，与他人合作翻译并出版《抑郁症人际关系疗法》后，率先在日本推广人际关系疗法，致力于该疗法的临床应用和普及。目前担任人际关系疗法专科诊所所长，庆应义塾大学医学院神经精神科客座讲师，人际关系疗法研究会代表。著有《你可以生气，但不要越想越气》等书。

你的人生没有什么应该不应该

作者 _ [日]水岛广子　　译者 _ 姚奕崴

产品经理 _ 周喆　　装帧设计 _ 何月婷　　产品总监 _ 阴牧云

技术编辑 _ 白咏明　　责任印制 _ 梁拥军　　出品人 _ 贺彦军

营销团队 _ 果麦文化营销与品牌部

果麦
www.guomai.cn

以 微 小 的 力 量 推 动 文 明

图书在版编目（CIP）数据

你的人生没有什么应该不应该 /（日）水岛广子著；
姚奕崴译. -- 成都：四川文艺出版社，2023.8
ISBN 978-7-5411-6693-8

Ⅰ.①你… Ⅱ.①水… ②姚… Ⅲ.①女性心理学—
通俗读物 Ⅳ.① B844.5-49

中国国家版本馆 CIP 数据核字 (2023) 第 117593 号

ONNA NI UMARETE YOKATTA. TO KOKORO KARA OMOERU HON
by HIROKO MIZUSHIMA
Copyright © 2018 HIROKO MIZUSHIMA
All rights reserved.
Original Japanese edition published by Asahi Shimbun Publications Inc., Japan
Chinese translation rights in simple characters arranged with Asahi Shimbun Publications
Inc., Japan through BARDON CHINESE CREATIVE AGENCY LIMITED, Hong
Kong

著作权合同登记号 图进字：21-2023-165 号

NI DE RENSHENG MEIYOU SHENME YINGGAI BU YINGGAI
你的人生没有什么应该不应该
[日] 水岛广子　著　　　姚奕崴　译

出 品 人　谭清洁
责任编辑　路　嵩
责任校对　段　敏
出版发行　四川文艺出版社（成都市锦江区三色路 238 号）
网　　址　www.scwys.com
电　　话　021-64386496（发行部）　028-86361781（编辑部）
印　　刷　北京世纪恒宇印刷有限公司
成品尺寸　140mm×200mm
开　　本　32 开
印　　张　5.25
印　　数　1—8,000
字　　数　87 千
版　　次　2023 年 8 月第一版
印　　次　2023 年 8 月第一次印刷
书　　号　ISBN 978-7-5411-6693-8
定　　价　39.80 元

如果发现印装质量问题，影响阅读，请联系 021-64386496 调换。